古茶论

董书强 著

中国农业出版社
北京

图书在版编目（CIP）数据

古茶论 / 董书强著. —北京：中国农业出版社，
2023.8
  ISBN 978-7-109-30984-5

  Ⅰ.①古…　Ⅱ.①董…　Ⅲ.①茶文化－中国－古代
Ⅳ.①TS971.21

中国国家版本馆 CIP 数据核字（2023）第 146441 号

中国农业出版社出版

地址：北京市朝阳区麦子店街 18 号楼
邮编：100125
责任编辑：赵　刚
版式设计：杨　婧　责任校对：刘丽香
印刷：北京中兴印刷有限公司
版次：2023 年 8 月第 1 版
印次：2023 年 8 月北京第 1 次印刷
发行：新华书店北京发行所
开本：720mm×960mm　1/16
印张：11.25
字数：200 千字
定价：68.00 元

| 前　言 |

　　经济的发展、人民生活水平的提高、健康意识的增强，使饮茶成为日常生活不可或缺的休闲方式之一。各地茶业的不断发展、茶类的丰富创新，为满足人民多样化的需求提供了更多选择。山东省茶叶古亦有之，一度落寞，新中国成立后重新掀起发展热潮，各地新茶、名茶不断涌现。日照、临沂、青岛三市成为茶叶主产区，并以生产绿茶为主。因气候、环境等因素，茶叶叶片内含物质多，耐冲泡，香气高。山东省又以日照市茶园面积最大、茶企最多。其中有傍山之浏园春、碧波，有依水之横山天湖、富园春，有接海之御海湾、瀚林春，更有浓林环抱之御园春、浮来青、文山、马岭春、景阳青、万平、北满、南北山等，这些企业在引领茶叶创新，彰显日照茶叶特色方面发挥了重要作用。

　　一切事物的发展都有延续性，茶叶也不例外。既然茶叶自古有之，其历史发展过程或许能给予人们一些启迪和灵感。因此，对古代茶文化的兴趣驱使本人把茶叶发展历史做了一次梳理。当然，这要感谢朱自振整理的《中国古代茶书集成》《中国茶叶历史资料续辑》，陈祖槼、朱自振主编的《中国茶叶历史资料选辑》及吴觉农主编的《中国地方志茶叶历史资料选辑》等资料。有了他们的辛苦创作我才能够少走弯路，这也说明文化的传承需要更多爱好者来努力达到。

　　在历史的长河中，涌现出许多名茶，有的如今湮没无闻，有的耀于一时，有的至今依然大放光彩。对这些名茶进行归纳总结，并找出成名原因依然很有意义。本书中所选取的都是名茶中的佼佼者，代表了当时茶叶发展的较高状态。如唐朝的顾渚紫笋茶、阳羡茶、蒙顶茶，宋朝的北苑贡茶，元朝的武夷贡茶，明朝的虎丘茶、松萝茶、庐山茶、黄山茶，清朝的龙井茶、碧螺春茶、六安茶，这些都是贡茶。其中有四种为官焙贡茶院所产，其他为贡茶园所产。通过对古代名茶成名原因进行分析，从中找到借鉴之处，以求能对今天茶企有所帮助。

关于本书的几点说明：

一是观览现存茶历史文字资料，以茶诗、词为多，茶书次之，其他杂文如赋、书信、谢表等较少。诗词之多在于文人雅士之好咏成风，借物成吟亦是信手拈来。茶书之成需要专业知识，非亲自践行其中，难深悟其道；赋亦如此，故其少亦在情理之中，其他杂文自不必说。虽然茶文众多，洋洋大观，但在历史文化中只占很小之地。当然，历史文献在传承过程中必然会有一些遭到毁坏或还未被发现，故真实情况比遗留下来的材料要丰富得多。以《古今茶书集成》为例，完整书为88本，失传者为60本，不全者为21本，后二者占近一半。而行诸文字者又占多少呢？估计还有很多未留存下来的。所以，材料不可能完整，只能大体反映当时的茶业状况。

另外，古代传闻或传说虽然不能尽信，但不应一概否定，或许能说明在某一时期存在此种现象。如蒙顶仙茶，虽不是真的汉代道人所种，至少给我们提示，或许是修道、修仙之人所种。

二是文人对茶叶的评判亦是个人见解，并不一定绝对正确，与个人品茶水平、喜好及个人目的等有关。通过现存材料只能对历史情况有大体了解，因为受著述者所见所闻限制，不可能面面俱到，总会有疏漏。

三是资料的搜集本着尽量找到最早记录的原则进行。由于涉及资料太多，有的资料年代久远，无法甄别真伪，难免出现差误。资料有限，所论必有偏颇之处，仅供参考。

四是所有的历史资料均为文言文。本人对文言文解释能力有限，对文字意思的把握肯定有偏颇，特此说明。

五是没有厚此薄彼之意。北方茶与南方茶各有优劣，关键在于如何扬优抑劣，根据区域特点，打造地区特色茶。

六是本书如果能够对学术讨论有所帮助，则是其意义所在。如何评价古茶文献，科学认识茶叶，需要广大茶叶科研工作者共同努力。通过开展学术讨论，才能辨别真伪、去粗取精，才能促进茶产业的健康发展。

七是由于"茶"字在唐中期之后才有，因此本书所引文献中，凡是在此时间之前，所有"荼"字仍沿用，不区分"荼"还是"茶"，在此做一说明。

在此一并感谢为茶业的延续和发展做出贡献的著述者、传承者及帮助者。现在茶业的繁荣，都是站在前人的肩膀上加以创新而成的，没有他们的积累和延续，就没有现在生机勃勃的茶业景象，向他们致敬！

著　者

2023 年 6 月

| 目　录 |

>>> 第一章

茶的起源及发展历程

事物探源必然要追溯历史，而现有历史文字和考古发现只是冰山一角。因此我们对事物的认知并不全面，只能是大体了解，对于茶也是如此。

人类对物质的需求都是由简入繁，不断丰富起来的。吃饱是人类最基本的需求，吃饱之后才能谈其他，而饮食文化的形成在于对食材的不断寻找和挖掘。凡是能吃的东西人们都愿意去尝试，尤其是在饥饿年份，生存是最重要的问题，能吃的东西都会被用作食物，茶叶也不例外。在丰富饮食的过程中，人们就会对食物的加工工艺进行探索与改进，茶的发现和利用也是不断认识和创新的过程。

茶与茶树鲜叶有着本质区别。茶是茶树鲜叶经过人工加工而成的，不再是单纯一片树叶，而是融入了人类的智慧和劳动，因此，茶的发源地与茶树发源地是两个不同概念。茶树发源地可能不拘于一处，只要符合茶树生长的条件就有可能生长出茶树。而茶的发源地是单一的，是指人类首次将茶树鲜叶加工并加以利用的地方，现在我们所说的茶是指经过加工并用作饮料的饮品，如单纯用作食物则不是我们现在意义上的茶。

茶起源于何时无法得知，但记录茶的资料最早发现于西汉，确切地说是记录"荼"的资料，因在唐之前未有"茶"字。"茶"字首次出现在陆羽《茶经》中，以后才被确定下来并逐步推广使用，之前描述"茶"多用"荼""荈""茗"字等代替。像东晋杜育《荈赋》即是如此，也是流传至今最早的茶赋。

第一节 茶的起源

一、茶树起源地

关于茶树起源地的问题，吴觉农《茶经述评》、庄晚芳《茶史散论》的论述已很详细。他们均认为我国的西南地区为世界茶树起源地，具体地点尚待调查研究确定。虽然如此，但还有几个问题应该引起思考。

（1）我国的山茶科植物与其他国家的山茶科植物有着怎样的联系？虽然我国茶树的属、种最多，但如果与其他国家的茶树没有直接的世代关系，则很难确定中国就是唯一茶树起源地。茶树既然是热带植物，在其他热带地区亦可能存在过。

（2）我国发现的野生老茶树是目前世界上发现最早的，但是否还存在未发现的更古老的野生茶树？是否存在最古老的野生茶树因为某种原因而死亡的可能性？

除去世界上对于茶树发源地的争论，我国国内的茶树起源地学界大体已有定论，即在西南地区，但具体地域仍待确定。

二、茶的起源

我国最早用茶始于何时尚有争论，因缺乏足够史料，后人大多根据流传下来的少数史料加以推断。多数学者根据王褒《僮约》认为，我国西汉时期，茶已经作为商品在市场上销售。更有甚者，依据《华阳国志》里的资料把我国茶饮时间上推到西周时期。但事实是否如此，认真推敲之下，恐有不确之处。

（一）关于"荼"

现在，人们为了探寻茶叶的历史，往往一看到"荼"就认为是茶，其实这是不严谨的，也是不科学的。"荼"有多种意思，它代表不同植物，并不一定就是指茶树，有的指苦菜，有的指茅秀。因此，既然"茶"来自"荼"，对"荼"的历史演变过程进行梳理，对于我们了解茶的历史将会很有帮助。

《尚书》为上古之书，也是中国第一部古书。《尚书·商书·汤诰》中记："尔万方百姓，罹其凶害，弗忍荼毒，并告无辜于上下神祇。"其中的"荼"应是取苦菜的喻义，"荼毒"即苦难毒害之意。这也是目前有关"荼"最早的史料记载。

《诗经·邶风·谷风》诗中有"行道迟迟，中心有违。不远伊迩，薄送我畿。谁谓荼苦，其甘如荠"。其中的"荼"为苦菜，诗的意思是被抛弃的滋味比苦菜还苦。《诗经》其他篇章所记如"采荼薪樗""堇荼如饴""民之贪乱，宁为荼毒"中"荼"的意思亦是苦菜。

《诗经·郑风·出其东门》诗中有"出其闉阇，有女如荼。虽则如荼，匪我思且"，其中的"荼"为白茅花之意。《周礼·地官》有"掌荼：掌以时聚荼，以共丧事。征野疏材之物，以待邦事，凡畜聚之物"。此处"荼"指茅秀，可供丧时填充衣被等用。这两处的"荼"应为一物，都是茅草。《诗经》其他篇章中所记如"予所捋荼""荼蓼朽止，黍稷茂止"中的"荼"亦是茅草。因此，"荼"字早期代表两物，一为苦菜，一为茅草。

《周礼·天官》中有"食医：掌和王之六食、六饮……凡和，春多酸，夏多苦，秋多辛，冬多咸，调以滑甘"。这说明周代已经懂得根据不同季节调和饮食，夏季人们已经懂得用苦味寒性物质去热，而苦味植物以荼（苦菜）为普遍。

《吕氏春秋·孟夏纪》中有"王菩生，苦菜秀"。这说明到秦代不再限于用"荼"表示苦菜，"荼"字又有了新的用法。此时期或应是"荼"字用法的分界时期，"荼"用于表示其他苦味类的植物，不再局限于苦菜与茅草之用。

（二）茶是否起源于西周

《尚书·禹贡》记载九州贡物，"华阳、黑水惟梁州……厥贡璆、铁、银、镂、砮、磬、熊、罴、狐、狸、织皮"，这是关于梁州最早的贡物记载。《华阳国志·巴志》首篇引用就是此文，而引用此文目的是说明巴地民族早期历史状况，即夏初就已存在并进贡。但据任志强校补注解，此书记载应是西周时期，非为夏朝时期。夏朝不可能有此长文，也没有贡物制。此书也不是战国时期著作，因为古文、今文《尚书》都有此篇，今文《尚书》据称是孔子所作，说明《禹贡》应在孔子时就已经存在。文中并无有关茶的记载，说明西周时期并无茶叶饮用之说。

《周礼》原名《周官》，为官政之法。《周礼·天官》中有膳夫一职，"掌王之食饮、膳馐，以养王及后、世子。凡王之馈，食用六谷，膳用六牲，饮用六清。"六清为"水、浆、醴、凉、医、酏"，其中并无茶。《周礼》据考证为战国人所作，因此可以判断，茶在周朝及战国时期并未成为饮物。

《华阳国志·巴志》关于巴地物产描述："其地东至鱼复，西至僰道，北接汉中，南极黔涪。土植五谷，牲具六畜。桑、蚕、麻、苎、鱼、盐、铜、铁、丹、漆、茶、蜜、灵龟、巨犀、山鸡、白雉，黄润、鲜粉，皆纳贡之。"由于常璩所述时间性不是很分明，因此，现在很多学者将此段文字用作西周时期茶叶已作贡品的证据，但如果仔细推敲并非如此。

《巴志》中上文所述应是巴地之变化，并不是巴国。因巴国为秦朝所灭，而《巴志》所述绝大部分是秦后之事。《华阳国志》全文均按照时间顺序自上而下撰成，最早为西周，最近到咸康五年（公元 339 年）。其地域沿革、特产民风等也是按照时间顺序写成，尤其所列物产，并非指某一时期全部都有，而是历史上曾出现过。任志强认为是"述故巴国界至兴其特产和民风"，意即地域范围为巴国兴盛时期版图，特产和民风亦限于此地域，但不拘于某一时期。这从《巴志》对各郡县的记述中可以得到印证。如对于"灵龟"贡物，有"朐忍县，郡（巴东郡）西二百九十里。水道有东阳、下瞿数滩，山有大小石城势……有灵寿木、橘圃、盐井、灵龟。咸熙元年，献灵龟于相府。"此文或许引自《三国志·魏书四》中"二年，春二月甲辰，朐忍县获灵龟，以献，归之于相国府。"任志强认为"时晋王司马炎为魏相国，专国政。常氏云元年，赴献时也。"从这里可以看出，"灵龟"作为贡品是在三国魏时。

据任志强考证，《华阳国志》所述地域范围为李雄全盛时期版图（占据巴蜀大部分地区），其郡县设置亦是，同时也是与西晋东晋并存的一段时期。因此，物品应是当时所产最有可能，也就是说晋朝时已有茶叶入贡。而茶为涪陵郡所产，涪陵郡为"巴之南鄙"，其在巴地出茶最早，亦符合茶树喜湿热气候的特性。

《华阳国志》中记载的产茶地共有 5 处，分别为：巴地涪陵郡，蜀地广汉郡之什邡县，蜀地犍为郡之南安、武阳县，南中地平夷郡之平夷县。而云南郡未有茶记载，或与史料缺乏有关，更远之如梁水郡、兴古郡和西平郡（三处在盘江之南，属亚热带气候）亦是如此。这 5 处应是晋朝茶叶主产区，最北为什邡县，最南为平夷县，二者相距两千多里。起源地应位于中心地带，然后向四周扩散。在四郡中，巴地涪陵郡以北为犍为郡、广汉郡，以南为平夷郡，最有可能为起源地。这也与西晋孙楚《出歌》中所说"姜、桂、茶荈出巴蜀"相符，"茶荈"应是指茶。

（三）茶是否起源于西汉

很多学者根据王褒《僮约》所记，就认为我国西汉时期茶已经作为商品在市场上销售，但其中有几个问题需要探讨。

（1）《僮约》作者是否为西汉王褒，或是他人伪作？为何如此说，因文中有几个矛盾之处待探讨商榷。

其一，文中开头说"神爵三年（公元前 59 年）正月十五日，资中男子王子渊，从成都安志里女子杨惠，买亡夫时户下髯奴便了，决贾万五千。"而后文结尾却说"审如王大夫言，不如早归黄土陌，蚯蚓钻额。早知当尔，为王大夫酤酒，真不敢作恶也。"据《汉书》考证，神爵三年，王褒并未成为大夫，其成为谏仪大夫是在五凤（公元前 57 年）之后事。

其二，文中开头为"蜀郡王子渊"，从这可以推断，应是别人托名而作。古人名字有名亦有字，如王褒，字子渊。名是自己用的，在文学作品中常用其名。如师旷的《太子晋》义中用"师旷"，屈原的《卜居》义中用"屈原"，宋玉的《神女赋》《风赋》文中用"宋玉"，其他古文中亦是如此。字是别人称呼的，如唐朝陆龟蒙和皮日休之和作十首茶诗中就称"和子美作"，"子美"即皮日休的字。

（2）《僮约》中的茶是茶类植物，而非茶。

西汉王褒《僮约》中出现两处"茶"字，分别是"烹茶尽具"和"武阳买茶"。很多学者将其作为西汉时已经出现茶叶市场交易的依据，但是否如此呢？文中关于招待客人的原文如下："舍中有客，提壶行酤（买酒），汲水作餔（做饭）。涤杯整案，园中拔蒜，斫苏切脯。筑肉臛芋，脍鱼炰鳖，烹茶尽具。"由于当时写文并没有句读，文中句读应是后人所加，采用的是四字句。其实四字句一般用于诗歌，西汉以赋著称，故文中句读或有不妥。《古今图书集成》中所载就和《全汉文》中不一样。据钟敬文《中国民俗史》所言，汉代讲究饮食的风气兴盛，饮食结构、烹制食物的方式及市场化程度都达到了极高的水平，这在《僮约》中也得到了充分体现。招待客人有酒，有干肉、肉芋羹、生鱼片、烤鳖，应该还有主食，而"烹茶"应是代表主食茶粥。先秦以来烹煮食物做成粥是主要的饮食方式。粥的配料中有肉、菜和其他食物，"茶"作为苦菜一直被食用，同时还可作为调味品。故清代陆廷灿《续茶经》中对"茶"的注解为前为苦菜，后为茗，也就是说是不同的植物。但联系上下文可知应该是一种植物，"买茶"与"烹茶"是相互对应的。再看原文，客来先买酒，再做饭，并没有敬茶；而将"烹茶尽具"放在炒菜做饭之后，不禁让人怀疑这里的"茶"并非茶。因此，《僮约》中的"茶"未必是今日之茶。不然何以《史记·货殖列传》中未有茶的有关记载。

另外，其他反映西汉时期人们生活状况的史料文字主要有《史记》《汉书》《后汉书》《僮约》《急就篇》等，这些历史典籍中，也没有茶饮的只言片语。《西京杂记》是一部介绍西汉帝王后妃、公侯将相、方士文人的志人小说。其中记载上林苑群臣远方，各献名果异树等草木名两千余种，但由于"邻人石琼就余求借，一皆遗弃，今以所记忆列于篇右"，所以只记载少数部分，都是些果树名木，也没有茶的只言片语。《全汉文》中亦无茶的有关记载，可见西汉无茶饮已很明确。陆羽《茶经》没有将《僮约》所记作为茶事，一种可能是陆羽确实没有得到这方面的材料，另一方面就是陆羽认为其中所记并非真正的茶。陆羽《茶经·七之事》记载的最早史料为《神农食经》，传说为炎帝神农所撰，实为西汉儒生托名而作，亦已失传。《汉书·艺文志》载有《神农皇帝食禁》一卷，或是此书。著者称其为"经方"，可知是关于药方之书。其中有"茶茗久服，令人有力、悦志"，说明西汉时已发现"茶茗"的保健功效，长久服用，可使身体康健、精神愉悦。或许此后"茶茗"由药用逐渐成为药饮两用，并慢慢成为饮物。但其中的"茶"应为茶类植物，不一定就是现在的茶。西晋张华《博物志》中有"饮真茶，令人少眠"，可见"茶"有真有假，"真茶"应是现在之茶。

（四）茶饮出现时间

据有关史料记载，西汉时期经济发展迅速，市场交易旺盛，全国形成了很多大城市，如成都为四川盆地重要的经济文化城市。如果该时期已有茶叶交易，何以成都没有而武阳有，唯一解释是茶是小众商品，未被人们广泛接受，并且是作为药物使用，并没有作为饮物。如此才能解释为何西汉史料中并没有茶饮的有关记载。钟敬文《中国民俗史》关于汉魏时期的饮食中，亦没有关于茶的相关论述，因为当时酒是人们日常最普遍、最重要的饮物。所以明朝范汝梓在《茗笈·品藻二》中说："而伊尹为《汤说》，至味不及茗。《周礼》浆人供王六饮，不及茗。厥后，杜毓《荈赋》，傅巽《七诲》间一及之。而原之《骚》、乘之《发》、植之《启》、统之《契》，草木之佳者，采撷几尽，竟独遗茗何欤？因知古人不尽用茗，尽用茗自季疵始。"意思是说《周礼》六饮中未言及茗。屈原之《离骚》、枚乘之《七发》、曹植之《七启》、统之《契》中并未言及茶，从而说明茶并不是战国至汉朝时期的饮用之物。至两晋傅巽《七诲》、杜育《荈赋》才间或提到茶，茶叶作为饮物被大量接受是在唐朝，而陆羽首功难没。

东汉许慎《说文解字》中"茗，茶芽也"，对茗做了明确定义，或许此时期"茶茗"已被作为饮物。结合已经出土的东汉"茶"饮具文物，大致可以判定东汉时期"茶"已作为饮物，但是不是茶有待商榷。

东汉杨孚《异物志》中记有"蒻，草树……三月采其叶，细破干之，味近苦甘，并鸡舌香食之，益善也。"其描写似茶树，如是，则说明东汉时南越已有茶树。

茶从食用中分离，成为饮物的最早记载是在三国时期的东吴，《三国志》记有吴主孙皓"密赐茶荈以当酒"的故事。

根据《茶经·七之事》中所载得知，唐之前并无"茶"字，多用茗、荼茗、苦荼、荼荈、荈、真荼等作为"茶"的替代。"荼"字在其中更多是一种修饰作用，取其"苦味"之意。而其中有的是茶，有的并不是茶。我们知道，文化总是落后于实际的，从目前发现的文物及文字资料证明，我国汉朝时期或已饮茶。但具体为哪个时期有待考究，大抵应在东汉时期。

我们知道，茶树属山茶科山茶属，山茶科有700多种，山茶属植物有200多种，与茶树相似的植物不在少数。《桐君录》就有"南方有瓜芦木，亦似茗，至苦涩，取为屑茶饮，亦可通夜不眠"的记载。晋朝刘琨有"常仰真茶"之愿，"真茶"应是茶，而假茶应是茶属类植物瓜芦等。西晋孙楚《出歌》有"姜、桂、荼荈出巴蜀"之句，张载亦有"芳荼冠六清"，此应是真茶无疑。从现有历史资料来看，西晋时才有茶为饮物的更多确切记载。

如何分清唐朝之前哪些是真正的茶，是个很复杂的课题。虽然还存在一些疑点和需要详究之处，但综合各类文史资料和考古发现，我国无疑是全世界发现茶、利用茶、饮用茶最早的国家。

第二节 茶的发展历程

任何事物都要经历认识—发展—再认识—再发展的过程，茶叶也经历了从食物—药食并用—饮用的发展过程。而这个过程是随着人们对茶叶功能的不断认识，对美好生活的不断追求逐渐完善和发展起来的。茶叶发展的前提应是经济稳定、粮食充足、人民生活安逸、追求多样化需要；气候条件是茶叶能否大范围发展的决定因素；上层阶级、茶叶学者及诗人、僧道的倡导和引领，则是推动其快速发展的有利条件。我国茶树的种植发展过程又是如何的呢？应该从空间和时间上来分析，空间是指茶树从起源地向四周的扩散过程，时间是指在历史不同时期茶树的发展状况。

一、茶叶的使用过程

根据史料及考古发现大致可以判断，茶叶被人类发现和利用应经历三个阶段。

（1）第一阶段：用做食物，当作蔬菜和调味品。这一时期最长，应自茶树被发现并作为食物开始到西汉时期。

茶树叶子能做食物，史料中有关于茶叶食用的记载。如吴人陆玑著《诗疏》（即《毛诗草木鸟兽虫鱼疏》，简称《毛诗·草木疏》）云："椒树、茱萸，蜀人作茶，吴人作茗，皆合煮其中以为食。"

（2）第二阶段：药用与食物并用。

由于茶叶的药用功能并不突出，主要用于辅助治疗，其保健功能是主要的，因此，西汉至东汉应是药用与食用并存时期。

（3）第三阶段：饮用。

茶叶在东汉以后，才成为饮物被人们接受。因其具有解渴和保健的双重功能，人们由采摘野生茶慢慢转向开始种植茶树。

在茶叶首先是药用还是食用的问题上，应是先作为食用。虽然茶叶可以作为药用，但主要用作辅助，在中药配方中大多作为臣药和佐使来用。而在古代，食物缺乏，茶叶很可能首先被作为食物使用。

二、茶树在空间上的扩散种植过程

对于茶树如何由起源地向四周地区扩散，朱自振在《中国茶经》一书中给出了一些合理的解释和推测。依据为数不多的史料，结合朝代更迭、茶叶饮用情况等进行了深入分析，指出了茶叶的大致发展情况。当然其中也存在一些疑点，如某处茶叶饮用的出现并不能说明此地就有茶树种植，茶叶也有可能来自别处。

西晋孙楚《出歌》中有"姜、桂、茶荈出巴蜀"之说，表明巴蜀之地为当时的茶叶主产区。其他地方或有种植，但面积不大，还有可能是茶叶品质、数量、种类不及巴蜀。

傅巽（三国魏北地泥阳人）《七海》篇中记载："蒲桃、宛柰，齐柿、燕栗，恒阳黄梨，巫山朱橘，南中茶子，西极石蜜。"文中将"南中茶子"与当时罕见的珍稀水果并列，说明其应为水果。油茶树在春季四五月份开花，春末夏初会结一种果实，因形似桃子，故称为茶桃。"南中茶子"或许就是指茶桃。而有人认为是茶籽，并将南中作为当时的茶籽供应地，这有待考证。

东晋常璩在《华阳国志》中记载我国西南地区至东晋时产茶地共有5处，自南向北错落排列，这或是茶树南北的发展路径，南至南中地平夷郡平夷县（包括今四川叙永、古兰，贵州仁怀、毕节），北至蜀地广汉郡之什邡县。

《茶经·一之源》中记载："茶者……其巴山峡川，有两人合抱者，伐而掇之。"巴峡之间有两人合抱的大茶树，说明其地有茶树且历史悠久。我们是否可以大胆推测，由四川东部（巴地）向湖北西部就是茶树发展的另一条途径呢？而《茶经·八之出》所言茶叶产地顺序或许就是茶叶自西向东的发展路径，即由山南→淮南→浙西等地扩展。

因此，茶树由起源地扩展应至少分三路：一路是由西南地区起源地向南；一路是由起源地向北；一路由起源地向东，即由巴地至楚地。

三、茶树在时间上的扩散种植过程

茶树生长历史悠久，但被人类发现和利用较晚。从目前史料来看，只有国家稳定、人民生活安定、经济文化发展的历史时期才是茶叶大发展时期。

一般情况下，文化都要晚于实际情况。将现实中的发现归纳整理成文字并记载，需要一定时间，少则几天，多则几年、几十年不等。现有茶叶文献虽不是全部，但相对而言能说明一些问题。从文献数量、作者数量上都能说明当时茶叶的发展状况、饮茶情况及茶对生活的影响，诗文数量亦是如此。例如西汉开始谈及，晋朝时增多。茶叶作为饮用之物而不是粮食，人民对其需求的增多说明当时生活比较稳定，无饥饿之困。而文献也反映了这一事实，即在各朝代稳定时期，茶叶能够有所发展，但战争一起，社会动荡，人民生活不定，或遇到自然灾害之年，粮食供给受到影响，茶叶发展就会受到抑制甚至破坏。

（一）萌发阶段：西汉至两晋

西汉在汉高祖、汉文帝、汉景帝的治理下，经济达到空前发展，至汉武帝时期达到鼎盛。经济的发展、政治的稳定带来了社会生活与文化的全面发展与繁荣。汉武帝晚年对于长生不老术的追求带动了养生思潮的兴起。在这样的大环境下，茶叶的保健功效会被发现利用，并在《神农食经》中被记载下来。

汉朝又是嗜酒的朝代，人们对酒的酷爱胜于其他。酒是人们日常及重大场合宴饮的主要饮物，而对于有关茶的记载则没有，只有王褒《僮约》中有两处有"茶"字，已被证实并非茶。扬雄的《蜀都赋》中虽有"百华投春，隆隐芬芳，蔓茗荧翠，藻蕊青黄"之句，但其中的"茗"也并非现在的茶，而是树芽之意。

西汉元帝时史游所做《急就篇》是我国现存最早的识字与常识课本，其中的100多种动植物记载中并无有关茶的内容。汉代农书《氾胜之书》记载了一些作物栽培技术，书中也没有茶的相关记载，这都说明当时茶叶确不是大众常用之物。因此，无论是在《史记》《汉书》《后汉书》这些正式史书中，还是在《全汉文》《氾胜之书》和《急就篇》中，均没有茶的相关记载，这就说明了在西汉时期并没有茶饮之事，茶应被作药物使用。

东汉许慎《说文解字》对茗做了明确定义："茗，荼芽也。"因此，东汉或将茶叶作为饮物，并且也只是少数人在用。

三国存续时间大约60年，且多战争，故农业发展应是重点，保证粮食供应才能赢得战争胜利，茶叶发展应当受限制。陶元珍在《三国食货志》中说："三国时饮酒之风颇盛，南荆有三雅之爵，河朔有避暑之饮。蜀饮酒之风，似不及魏吴，当由饮茶之风特盛于蜀，茶足以代酒故也。是西汉时益土人已知饮茶，则三国时更不待言矣。陈志中虽无蜀人饮茶之记载，然以他书证之，可知蜀人饮茶风气之盛也。盖由北不产茶，饮茶风气之养成较南方为迟故也。"可知三国时饮酒之风盛行。而将蜀人饮酒少于北方地区的原因归为饮茶多，亦只言"以他书证之"，并未指明为何书。《三国志》中也仅记录吴王孙皓"以茶代酒"之事，仅此一条，别无其他茶事记载，又从何得知南方饮茶之风盛？

曹植《藉田赋》中第一次出现园中植茶："大凡人之为圃，各植其所好焉。好甘者植乎荠，好苦者植乎茶，好香者植乎兰，好辛者植乎蓼。至于寡人之圃，无不植也。"从文中能够看出，此处之"茶"应是苦菜，因为他喜欢甜、苦、香、辣，所以在园中种植各种调味品用以做菜，这也说明了苦菜可用作调味品。

因此，两汉至三国时期，茶叶虽已被利用，但大多用作药物，茶饮只在三国时期少量出现。

（二）缓慢发展阶段：两晋至唐朝

两晋存续时间相对较长，政治相对稳定，但战乱却时有发生，因此，茶应是小面积逐步发展的。从现有文字资料，如杜育《荈赋》、陆羽《茶经》、朱自振《中国茶叶历史资料选辑》来看，两晋时期，不管茶树种植还是茶的饮用，都有大量记载。因此可以断定，晋朝应是我国茶树开始逐渐种植及茶文化萌芽的时期。按照对历代气候的分析，我国两晋时期正处于寒冷期，当时茶树发展应是集中于南方温暖地区。

隋朝存续时间不长，只有三十几年，农业生产却得到很大发展，《隋书》中记载隋文帝茶事一则，说明茶叶发展仍在延续。

（三）快速发展阶段：唐之后

自唐朝建立至安史之乱这段时间，国家政治稳定，经济发展迅速，出现了贞观之治、开元盛世。人们生活安定，国家文化繁荣，茶叶的品饮之风席卷全国。据《茶经》记，"两都并荆渝间，以为比屋之饮。"在统治者的倡导下，在文人雅士的歌咏中，唐朝的茶业经济快速发展。后经宋、元、明、清四朝代的不断发展，茶业经济成为国家经济的重要组成部分，茶饮也成为百姓日常之饮。

第二章

气　候

　　天气即天之"气"，也是张载所说的宇宙之气。天地之"气"和顺，就会四季风调雨顺、五谷丰登、粮食充足，人民也不会挨饿。反之，就会出现狂风、暴雨、炎热、严寒等恶劣现象，就会造成粮食减产甚至绝产，以致人民生活困苦。如果碰到战争，人民的生命安全亦难以保障。而对于掌握权力的统治者而言，则会出现内忧外患，国家政权不稳。因此，历代统治者都非常重视天气的预知预测，中国的每个朝代都有专门官员观测天气，并留下了大量气候资料。

　　《尚书》中记载在帝尧时期，已有专门掌管天文气象的官职。《尚书·尧典》记载："乃命羲和，钦若昊天，历象日月星辰，敬授民时。"即通过不断观察，记录各时期气候变化和现象，并总结发生规律以求能够趋利避害，指导现实生产和生活。此后，各朝国史对天气灾害现象均有记载，并进行了不同解释，由神灵的操纵到阴阳的失衡，五行的错乱到人气不和，诸多种种。白居易《辨水旱之灾，明存救之术》中阐述己见，"臣闻水旱之灾，有小有大，大者由运，小者由人。由人者，由君上之失道，其灾可得而移也；由运者，由阴阳之定数，其灾不可得而迁也。"他认为水旱灾害发生原因，大者在于阴阳之定数，小者在于人事之失道。将原因归于阴阳失衡，不知他这里的阴阳是指天地还是其他？其实天气变化现在看来既有天道亦在人为，人类的肆意妄为使得天地之气失和，从而天地失道，阴阳失和，气候变化莫测。

　　灾害天气的出现对于国家稳定、粮食生产都会起到不良影响，也会影响经济作物的收成及收入，有时影响更是灾难性的。

　　茶树是对温度、水分敏感且需水极多的植物，气候的变化尤其是寒冷和干旱会对茶树的生长产生重要影响，同时也会限制茶树的种植区域与发展进程。因此，对历代气候情况进行整理，对我们了解茶树的发展历史很有帮助。

第一节 历代气候

由于茶叶出现于汉代，故对汉代以来气候变化情况进行归纳对比。茶树为喜温暖湿润的植物，故对影响茶叶发展的两个主要气候因素即寒冷与干旱来展开论述。

一、历代寒冷与干旱天气发生周期

（一）寒冷天气发生周期

西汉：共计 231 年。《汉书》记载寒冷天气有 8 年次，平均近 28 年一次。

东汉：共计 195 年。《后汉书》中记载关于寒冷反常现象，以夏季雨雹发生次数较多，达 12 年次，平均近 16 年一次。

西晋：共计 52 年。《晋书》记载有 22 年次，平均近 2 年一次。

东晋：共计 103 年。《晋书》记载有 27 年次，平均近 4 年一次。

唐朝：共计 289 年。《唐书》记载有 23 年次，平均近 12 年一次。

北宋：共计 167 年。《宋史》记载有 19 年次，平均近 9 年一次。

南宋：共计 152 年。《宋史》记载有 42 年次，平均近 4 年一次。

元朝：共计 162 年。《元史》记载只有 1 年下雪。

明朝：共计 276 年。《明史》记载有 30 年次，平均近 9 年一次。

清朝：共计 295 年。《清史》记载有 42 年次，平均近 7 年一次。雨雹天气 126 年次，平均近 2 年一次。

从发生周期上来看，气候的寒冷经历了三个阶段。第一阶段自西汉至东晋，寒冷次数增加。东晋疆域为长江、淮水以南，汉水下游一带。如此寒冷，对于茶树的扩展种植很不利。

第二阶段唐朝至元朝。唐朝虽暖和，但也比不上东汉时期，至南宋寒冷气候发生频繁。南宋时期的疆域大体在江南一带，寒冷次数要多于东晋时期。

第三阶段元朝至清朝。元朝很暖和，至清朝寒冷次数逐渐增加。

（二）干旱天气发生周期

西汉：《汉书》记载干旱年为 15 年次，以夏季和秋季干旱为主，平均近 15 年一次。

东汉：《后汉书》记载旱事有 19 年次，基本发生在夏季，平均近 10 年一次。

西晋：《晋书》记载有 17 年次，平均近 3 年一次。

东晋：《晋书》记载有 46 年次，平均近 2 年一次。

唐朝：《唐书》记载有 76 年次，平均近 4 年一次。

北宋：《宋史》记载有大约 92 年次，平均近 2 年一次。

南宋：《宋史》记载大约 59 年次，平均近 3 年一次。

元朝：《元史》记载无旱事。

明朝：《明史》记载有 65 年次，平均近 4 年一次。

清朝：《清史》记载有 61 年次，平均近 5 年一次，有 14 次大旱。

气候的干旱次数从西汉至东晋时期逐渐增加，唐朝至清朝起伏不大，稍有差异，其中唐朝至北宋干旱次数增加，北宋至清朝又逐渐减少。

二、历代寒冷与干旱天气发生程度

(一) 寒冷程度

西汉：冬季较少发生，记有 2 次，以"元帝建昭二年十一月，齐、楚地大雪，深五尺"较严重。

春、夏季雨雪年有 6 次，其中以"元鼎三年三月水冰，四月雨雪，关东十余郡人相食"最为严重。另《全汉文》记载："元封二年大寒，雪深五尺，野鸟兽皆死，牛马皆蜷踏如猬，三辅人民冻死者十有二三。"

东汉：冬季"灵帝光和六年冬，大寒，北海、东莱、琅琊井中冰厚尺余"，寒冷严重。

西晋：太康元年九月，南安大雪，折木。

东晋：成帝咸和九年八月，成都大雪。

第一阶段从西汉至东晋，寒冷程度逐渐加重，区域范围逐渐由北方向南方扩展，至东晋时成都秋季出现大雪。

唐朝：有 19 次为特寒冷年，并且发生时间不一。在冬季有 4 次，分别为咸亨元年、贞元十二年、元和八年和咸通五年，其他 15 次均在非冬季发生，并且寒冷地域从北向南逐渐扩大。

其中神龙元年至元和十五年，寒冷区域扩大到中部地区，如河南洛阳、陕西渭南市大荔县。

从长庆元年至天祐元年，寒冷区域扩大到南部江苏浙江一带，寒冷程度也逐渐加重。如"长庆元年二月，海州海水冰，南北二百里，东望无际。"海州即今江苏连云港，海水结冰达二百里。而"天祐元年九月壬戌朔，大风，寒如仲冬。是冬，浙东、浙西大雪。吴、越地气常燠而积雪，近常寒也。"吴越暖和之地亦常下雪且寒冷。

在唐朝，寒冷区域扩大到江苏浙江一带。全国寒冷程度逐年加强，后期在南方温暖地带，冬季也出现大雪冰寒天气。

北宋：北宋时期寒冷逐渐加剧，继续南移到湖南。如："天禧二年正月，永州（今湖南省）大雪，六昼夜方止，江、溪鱼皆冻死。"

南宋：更冷，浙江多大雪，福建开始变冷。如："淳熙十二年江浙多大雪。""绍熙元年福建建宁县及周边，包括建安，三月，留寒至立夏不退。""绍熙二年，杭州冰雪覆盖一个多月。雨雹天气太多不计。"

第二阶段唐朝至南宋，寒冷逐渐加重，最南区域湖南、福建出现冻害的严重情况。寒冷天气增多，冻害程度加重。

元朝：主要是雨雹，气候非常暖和。只有"泰定二年三月，云需府（今河北）大雪，民饥"一条记录。

明朝：冻害范围大，持续时间长。如"景泰四年冬十一月戊辰至明年孟春，山东、河南、浙江、直隶、淮、徐大雪数尺，淮东之海冰四十余里，有畜冻死万计。五年正月，江南诸府大雪连四旬，苏、常冻饿死者无算。是春，罗山大寒，竹树鱼蚌皆死。衡州雨雪连绵，伤人甚多，牛畜冻死三万六千蹄。"

夏季雨雪霜天气增多，并且极度反常，有几年很严重，如："天顺四年三月乙酉，大雪，越月乃止。""万历三十八年四月壬寅，贵州暴雪，形如土砖，民居片瓦无存者。"

霜寒亦很严重，发生在春夏季。冰雹天气近 80 年次，大约平均 4 年一次。

清朝：灾害性冻害与旱灾天气交替出现，频次高、持续时间长且危害程度强、冻害程度重，人畜多有冻死者。如"乾隆五十九年，湖州七月寒冷如冬。"

第三阶段元朝出现暖和天气，基本无寒冷。自明朝至清朝，寒冷天气逐渐增多，影响区域逐渐向南扩大，并且持续时间长，冻害程度严重。

（二）干旱程度

西汉：以夏季和秋季干旱为主。其中"惠帝五年（公元前 191 年）夏，大旱，江河水少，溪谷绝。"

宣帝本始三年（公元前 71 年）夏最为严重，"大旱，东西数千里。"而"成帝永始三年（前 15 年）、四年夏，大旱。"大旱亦很严重。

东汉：出现了连续干旱情况，如"元初元年夏，旱。二年夏，旱。六年夏，旱"和"顺帝永建三年夏，旱。五年夏，旱"。旱灾频繁。

西晋：干旱持续时间长，如"武帝泰始九年，自正月旱，至于六月"与"太康二年旱，自去冬旱至此春"。

干旱涉及区域大。如"太康八年四月，冀州旱。九年夏，郡国三十三旱"。

东晋：干旱频繁，持续时间长。如："明帝太宁三年，自春不雨，至于六月。""成帝咸和元年，夏秋旱……九年，自四月不雨，至于八月。""穆帝永和五年七月不雨，至于十月。""元兴元年七月，大饥。九月、十月不雨，泉水涸。""义熙四年冬，不雨。六年九月，不雨。八年十月，不雨。九年，秋冬不雨。十年九月，旱。十二月又旱，井渎多竭。"

唐朝：7次大旱。其中贞元六年夏，"淮南、浙西、福建等道大旱，井泉竭，人喝且疫，死者甚众。"

中和四年，"江南大旱，饥，人相食"。主要茶区江苏、安徽、浙江部分地区受灾严重。

北宋：4次大旱。熙宁七年，"自春及夏河北、河东、陕西、京东西、淮南诸路久旱。"

大观二年，"淮南、江东西诸路大旱，自六月不雨，至于十月。"

南宋：27次大旱。范围广，持续时间长，三四个月不下雨，尤其是在夏季需水最多时，因此造成干旱严重。如：

乾道"三年春，四川郡县旱，至于秋七月，绵、剑、汉州、石泉军尤甚。"

淳熙"八年正月甲戌，积旱始雨。七月，不雨，至于十一月。临安、镇江、建康、江陵、德安府、越、婺、衢、严、湖、常、饶、信、徽、楚、鄂、复、昌州、江阴、南康、广德、兴国、汉阳、信阳、荆门长宁军及京西、淮郡皆旱。"

明朝：旱灾较重且频繁，有7次连续3年发生旱灾。14次大旱，每次大旱都有一些茶区发生旱灾，这对于茶叶生产造成一定影响。如景泰四年，"南北畿、河南及湖广府，数月不雨。"

嘉靖二年，"两京、山东、河南、湖广、江西及嘉兴、大同、成都俱旱，赤地千里，殍殣载道。"

清朝：康熙"十年春，金华府属六县，五月不雨至于九月；湖州大旱，自五月至九月不雨，溪水尽涸；桐乡大旱，地赤千里……绍兴属八县大旱。"

由以上史料记载可以看出，干旱在历代常见，虽然有起伏，但总体表现为发生频次逐渐增多，影响范围逐渐扩大，持续时间逐渐延长，危害程度逐渐加重。

第二节　气候对茶叶的影响

一、气候与起源地

上章论述了我国茶树起源地的问题，大体确定为巴地涪陵郡附近区域，而是否正确，可以通过气候来帮助分析。茶树为喜温暖湿润气候的植物，对温度与水分敏感，故起源地应有满足其生存的最佳气候状态。巴地地处四川与湖北之间，温度不是很高，温暖湿润，适宜茶树生长，故从气候来说，支持了其为起源地的说法。

二、气候与茶叶发展

综合历代寒冷与干旱状况可以看出，两汉时期较温暖。温暖的气候对于农业生产来讲无疑是个好事，粮食增产，农民丰收，国家稳定，社会经济蓬勃发展。《史记·律书》记载，汉孝文帝时，"百姓无内外之徭，得息肩于田亩，天下殷富，粟至十余钱。"经济的发展必然会带来新的需求，从现有历史资料来看，西汉时期受汉武帝长生不老之术影响，人们的健康意识得到加强，通过药物调节以强身健体成为时尚。人们在食用茶叶过程中发现茶叶具有醒酒、驱眠、强身等保健功能，故被用于生活中，"茶茗久服，有力悦志"，充分说明茶的保健功能已被发现并应用。茶也用于食物配料，与米一起烹煮成粥，这一阶段持续了很长时期。

两汉时期的茶叶取自野生茶树，温暖的气候对于茶树生长有利。而至两晋时期，气候变得越来越寒冷干旱，其他灾害诸如大暴雨、狂风及地震等相继频发，人民生活困苦，挣扎在水深火热之中。因此，茶叶的发展集中在南方温暖地区，并十分缓慢。

两晋时关于茶的资料渐多，孙楚《出歌》就有"茶荈出巴蜀"。但由于当时未有"茶"字，茶树的定义并不明确，故有"真茶"之说，对我们识别茶树造成很大困难。唐之前所出现的"茶"类植物何者为茶树，还需仔细甄别，不能一概而论，否则就会造成茶历史的误判。虽然如此，但两晋之后茶叶作为饮物慢慢被人们接受，并逐步发展是可以肯定的。唐朝裴汶《茶述》认为茶饮"起于东晋，盛于今朝"，宋朝魏了翁《邛州先茶记》云"勃然而兴，晋魏之后"，明朝朱权《茶谱》则曰"始于晋，兴于宋"，都将晋朝作为茶饮的起始时期，不无道理。

经历东晋以来的寒冷气候，唐朝又出现温暖时期。尤其在神龙元年至贞元元年八十年的时间里，几乎没有大的冻害与干旱发生，这有利于茶树生长，对于茶园面积的扩大有利。也许唐朝的茶树主要发展期就在唐中期这一阶段，陆羽《茶经》成书于764年，也在这一时期，并且里面记述了唐朝产茶州的情况。产茶州范围很广，八道四十二州都产茶。唐朝出现大量的茶树种植区域当然不是一蹴而就的，应是逐步发展起来的。从南北朝到隋朝为何茶事资料很少？是由于朝代更换频繁，战乱不止造成人们只重视粮食生产，对于茶叶无暇顾及，还是无人记载？从这方面来看，国家稳定、经济发展确是茶叶等经济作物发展的前提和保障。人们首先要解决的是吃饭问题，否则谈何其他。

两宋时期天气又逐渐恶化，并且超越前代，其官焙院南移至福建北苑，茶区主要向南方温暖地区集中。元朝虽然气候变暖，其官焙院仍继续南移至福建武夷山区域。明朝天气又开始恶化，至清朝时寒冷与干旱逐年交替发生，茶树种植区域分散，主产区集中于福建、四川、安徽、浙江、湖南、湖北、江西、江苏、云南、贵州等区域。

气候的变化还导致名茶集中于南方温暖、水分充足之地。我国茶树区域分布基本在长江以南、淮水以南地区，这与气候因素和茶树本性密切相关。温暖适宜之地适合粮食生产，其地富裕繁庶、人口众多，聚集大量能工巧匠和文人墨客，为茶叶的发展提供了充足的人力保证和文化土壤。因此茶业发展，茶文化兴盛，也利于名茶的宣传打造。

高山丘陵对于茶树的生长来说，优劣并存。高山丘陵能提供天然屏障，在冬季能够有效降低寒风的危害，帮助茶树越冬，其次能创造茶树优质生长的小气候。茶树生长虽喜温暖湿润，但不喜高热。高山能够形成自上到下的不同温度地带，尤其是在高热地区，温度带会更加明显。高山还容易造成降水多、云雾多，为茶树生长提供充足的水分。茶树生长在温度适合、水分充足的条件下，代谢更快，有益物质合成较多，茶叶内所含物质更丰富，这也是"高山出名茶"的重要原因。高山能够创造的较少优良区域更为茶叶仙品、绝品的形成创造了可能。

三、气候与贡焙院

气候的变化不定使茶树种植区域集中于气候环境较好的地区，贡焙院的选择也是首先考虑气候的适宜与否，顾渚贡焙院的选址之所以设在湖州，气候是原因之一。湖州地处浙江温暖之地，靠近太湖，降水较多，茶树生长所需水分有保证。当然还有其他因素。

冬季气候不断变冷是贡焙院南移的重要原因。唐代贡焙院在浙江湖州顾渚山，宋朝时南移至福建建瓯凤凰山，元朝继续南移，这与气候逐渐变冷有很大关系。古代贡茶以早为贵，故有冬季做贡茶之说。气候变冷会影响茶树春季早发，也会影响茶叶品质，贡焙院向温暖地区转移也是无奈之举。

四、气候与茶树生长

气候冷暖对茶树生长影响甚大，轻则延迟发芽，重则茶树受冻害、衰萎。这在前人记述中常能看到。

（一）气候与发芽

气候温暖之地，发芽较早。南宋胡仔《苕溪渔隐丛话》记："官焙造茶，常在惊蛰后一二日兴工采摘。是时茶芽已将一枪，盖闽中地暖如此。"明代陈懋仁《众南杂志》记有"闽地气暖，桃李冬花，故茶较吴中茶早。"

反之，发芽较晚。明代陈霆《雨山墨谈》记："予谪宦六安，见频岁春冻，茶产不能广。"明代陈绛《辨物小志》云："雅州蒙顶最佳，其生最晚，在春夏之交方生。"明代陈继儒《农圃六书》记有："天目虽次之，亦不亚于六安。《地志》云，山气早寒，冬来多雪，此茶萌芽较晚。"

（二）气候与茶叶产量

清代黄宗羲《匡庐游录》记："一心云：山中无别产，衣食取办于茶。地又寒苦，树茶皆不过一尺。五六年后，梗老无芽，则须伐去，俟其再蘖。其在最高者，为云雾茶，此间名品也。"天气寒冷，茶树长不大并且容易衰老，产量自然不高。

江锡龄《青城山行记》云："递年山中冬雪过多，入春未解，茶舛勾萌坼甲，往往稽时。"春天雪仍未化，茶芽萌发很晚，春茶产量寥寥。

何润生则记："设遇冬令天气大寒，树木受伤，来年茶叶即难茂盛。"冬季风大寒冷，茶树受冻害严重，直接影响了茶树的生长。

为了保护茶树冬季越冬，人们对茶树开始做必要的防护。据《首都志》记："南京气候，对于茶作尚称合宜，惟冬季严寒，春季稍迟。前者植防风林及用毛草包扎，以资补救，后者出品略迟而已。"

天灾人祸还会造成名茶绝迹，《庐山志》就记有："各寺僧采种培植，奈山高气寒，风雪太厉，保护维难，生育不良，终岁勤劳，所获有限。驯至清代，各寺销毁于兵灾火劫，且因官方征取过苛，应付乏术，而原有栽培之区，咸放弃不顾，以致鼎鼎大名之云雾茶，于无形中绝迹于匡顶。"

（三）干旱与茶树

水是茶树生长的重要保证，水分缺乏或不足，轻则造成茶叶品质下降，重则导致茶树枯死。据《建阳县志》记载："茶山无尺寸青草，不能蓄雨水为泉，每当暑月，旬日不雨，则田干旱……其已垦种者，设法更易，如张益公之拔茶植桑，庶几仍成沃壤，岁岁丰稔矣。"在山上，茶树没有水源很难存活，很多茶园改种别的植物。

在历代名茶中，有些名茶风光一时，但之后不再。或是气候变化导致茶树不能生存，故名茶也随之消亡。

第三章

名茶概论

我国饮茶自唐代开始，渐扩展至全国，成为新鲜事物。至宋代茶事兴盛，后经明清的发展，茶叶成为普通百姓生活必需品。茶品的出现始自贡茶，贡茶的发展带动了其他茶品的产生与发展，一时间茶叶佳品不断涌现，可谓蔚为大观。唐代已有斗茶之事，茶品之间相互比较，优异者遂成名茶。斗茶优劣来自对茶叶的全面评价，于是评价标准随之而成，并不断发展完善，经过人们认可并不断传播的好茶自然是名茶。名茶包括贡茶及其他品质优异的茶品。

第一节 贡 茶

名茶中有许多为贡茶，或者说茶因为上贡而得名。贡物自古有之，据传，上古黄帝时，"南夷乘白鹿来献鬯"。此可为贡物最早记载。其后各代均有不同贡奉之事，但也是不时而献，未有定规，到了西周时期才正式设九贡并成为定例。

贡茶是随着贡物而起的，茶亦是物，故茶叶出现并成为特产，而君主喜欢，就会被征为贡物。

一、贡茶的产生

贡茶始于何时，乏文记载。从现有茶叶史料记载来看，茶叶作为饮物大量出现的时期是在西晋时期。贡茶肯定要晚于茶叶成为饮物时间，到底起自何时，未有定论，因史料及缺少相关佐证不能妄下断言。但到了唐朝，贡茶无论从数量和征求范围来说都具有相当规模。唐中期，朝廷因不满足现有的茶叶上贡，直接在顾渚山设立了史上第一家茶叶官焙院。可见茶叶的发展与当政者的喜好有很大关系，贡茶的出现与官焙贡茶院的建立无疑起到了推波助澜的作用。"上若好之，下必甚之"，各地方官为了争名夺利更是群起效仿，过犹不及，积极发展本地茶叶，从而促进了茶叶的全面发展与繁荣，对经济的带动也是明显的。纵观历史，贡茶的发展经历了从无到有、从少到多的过程，并呈现一些突出特点。

（1）贡茶具有垄断性，带动性。贡茶是直接进献给封建统治阶级的，其他人无权享用。而文人雅士爱茶者的推波助澜，无疑助推了社会茶叶饮用风气的不断高涨。

（2）贡茶的发展经历了由简入繁，由少入多。贡茶茶品名目逐渐增多，数量不断加大，贡茶地逐渐扩展。需要指出的是，贡茶数量多少与朝廷腐败相关，对农民害处大于利处。

（3）成为下级官员献媚争宠的手段。贡茶包括官焙专贡（设立官焙贡茶院，每年由朝廷派专人负责监督生产贡茶）、地方定贡（督促地方官员定时足额上贡）、自行上贡（选择好的茶叶自行上贡）三种，前两者属于御贡，后者属于土贡。

二、历代贡茶

（一）唐朝贡茶

唐代杜佑《唐通典》最早记载了唐朝茶贡的情况。其《食货六·赋税下》曰："天下诸郡每年常贡，按令文，诸郡贡献皆尽当土所出，准绢为价，不得过五十疋，并以官物充市。所贡至薄，其物易供，圣朝恒制，在于斯矣。"此当是唐太宗之前贡物，所贡数量少，多为布匹、草药，亦是生活必需之物。可见唐代初期的君主都能励精图治，抚恤百姓，勤俭节约。

书中只记载了安康郡、夷陵郡和灵溪郡的贡茶，其中安康郡贡茶芽一斤[①]，夷陵郡贡茶二百五十斤，灵溪郡贡茶芽一百斤（《文献通考》则记为二百斤）。贡茶中有两郡为茶芽，夷陵郡所贡不知是否为芽茶。从中可以看出，贡茶的地方少且贡茶数量也少。观唐朝建制，仅天宝年间（公元742—756年）为郡县制，其他时期为州县制。自大历元年（公元766年）杜佑开始编写此书，至德宗贞元十七年（公元801年）全书方完成。而顾渚山官焙贡茶院建于大历五年（公元770年），其中却没有顾渚山官焙贡茶记录，说明《唐通典》所记应是天宝年间贡茶情况。

唐代杨晔《膳夫经手录》则对当时茶叶概况做了详细记载，并将茶叶分为

---

① 唐代1斤≈597克，下同。

二品。其少而精者应是皇帝贡茶，有蒙顶茶，湖州顾渚茶，湖南紫笋茶，峡州茱萸簝，舒州天柱茶，岳州㳠湖茶，蕲州、蕲水团黄、团薄饼，寿州霍山小团，睦州鸠坑茶，福州正黄茶，宣州鹤山茶，东川昌明茶，歙州、婺州、祁门、婺源方茶。

宋代欧阳修等所著《新唐书》，记载唐朝曾有十七郡贡茶，分别为：怀州河内郡、峡州夷陵郡、归州巴东郡、夔州云安郡、金州汉阴郡、兴元府汉中郡、寿州寿春郡、庐州庐江郡、蕲州蕲春郡、申州义阳郡、常州晋陵郡、湖州吴兴郡、睦州新定郡、福州长乐郡、饶州鄱阳郡、溪州灵溪郡、雅州卢山郡。其中金州汉阴郡和溪州灵溪郡为茶芽，常州晋陵郡和湖州吴兴郡为紫笋茶，睦州新定郡为细茶，其他诸郡为茶。这就说明至少在唐朝，茶叶入贡品类不单纯为饼茶，还有茶芽和细茶。这与陆羽《茶经》所写"饮有粗茶、散茶、末茶、饼茶者"正好相符。

（二）宋朝贡茶

宋朝贡茶官焙地发生变化，主要在福建凤凰山，浙江湖州顾渚山官焙院则继续保留。宋朝贡茶主要为团茶，以北苑龙凤团饼品质最佳。

据《宋史·食货志下五》记载："建宁腊茶，北苑为第一，其最佳者曰社前，次曰火前，又曰雨前，所以供玉食，备赐予。太平兴国始置，大观以后制愈精，数愈多，胯式屡变，而品不一，岁贡片茶二十一万六千斤。"也就是说，在建茶中北苑腊茶为贡茶中最好的，用于上贡皇帝和皇帝赏赐大臣。并且自大观之后制造愈精，款式多样，数量达二十一万六千斤。

另记载：茶有二类，曰片茶，曰散茶。"片茶蒸造，实棬模中串之，唯建、剑则既蒸而研，编竹为格，置焙室中，最为精洁，他处不能造。有龙、凤、石乳、白乳之类十二等，以充岁贡及邦国之用。"说明宋朝贡茶主要为片茶，且以福建建茶与四川剑南所制最好，分为十二等，他处不能制造。散茶"出淮南、归州、江南、荆湖，有龙溪、雨前、雨后之类十一等，江、浙又有以上、中、下或第一至第五为号者。"散茶为贡茶，书中虽未言明，但估计应该存在。

北宋乐史《太平寰宇记》另记载几处贡茶有：苏州长洲县洞庭山茶、常州土产紫笋茶、湖州土产紫笋茶、怀宁多智山茶、蕲水茶、南平茶。

北宋王存《元丰九域志》记载："南康军土贡芽茶一十斤。广德军土贡芽茶一十斤。潭州县沙郡土贡茶末一百斤。江陵府江陵郡土贡碧涧芽茶六百斤。建州建安郡土贡龙凤等茶八百二十斤。"

总的来看，宋代贡茶以北苑贡茶为主，其他地区贡茶均有定额。

（三）明朝贡茶

明代初期，贡焙仍因循元制，到了明太祖洪武二十四年（公元 1391 年）九月，朱元璋有感于茶农的不堪重负和团饼贡茶制作、品饮的繁琐，因此，下了一道诏书，诏曰："洪武二十四年九月，诏建宁岁贡上供茶，罢造龙团，听茶户惟采芽以进，有司勿与。天下茶额惟建宁为上，其品有四：探春、先春、次春、紫笋，置茶户五百，免其徭役。上闻有司遣人督迫纳贿，故有是命。"

自朱元璋开始，撤销了贡焙院，不再制造龙团凤饼，而是号召各地制作芽茶奉献，贡茶由建宁制造以进贡。但是，明代贡茶在征收过程中，各地官吏层层加码，数量大大超过预额，给茶农造成极大的负担。

据《明史》记载："其上供茶，天下贡额四千有奇，福建建宁所贡最为上品，有探春、先春、次春、紫笋及荐新等号。旧皆采而碾之，压以银板，为大小龙团。太祖以其劳民，罢造，惟令采茶芽以进，复上供户五百家。凡贡茶，第按额以供，不具载。"说明当时贡茶四千多斤，以福建建宁所产品质最好。其他贡茶，都有固定数量。

谈迁《枣林杂俎》则明确记录了明代贡茶地及贡额情况。

如：江苏宜兴县贡芽茶百斤。内（茶）二斤。

安徽六安州贡芽茶三百斤。广德芽茶七十五斤。建平县芽茶二十五斤。

浙江长兴县贡芽茶三十五斤即芥茶也。嵊县芽茶十八斤。会稽县芽茶三十斤。永嘉县（今温州）芽茶十斤。临安县茶二十斤。乐清县茶十斤。富阳县茶二十斤。慈溪县茶二百六十斤。丽水县芽茶二十斤。金华县芽茶二十二斤。龙游县芽茶二十斤。临海县芽茶十五斤。建德县芽茶五斤。淳安县茶五斤。遂安、寿昌二县各茶五斤。桐庐县茶五斤。分水县（今归属桐庐县）茶一斤。

江西十三府府县贡芽茶四百四十斤。

湖广八府府县贡芽茶二百四十四斤。

福建建宁府：建安贡芽茶千三百六十斤，内探春二十一斤，先春六百四十三斤，次春六百六十二斤。紫笋二百二十七斤。荐新二百零一斤。

计天下贡茶，共四千二十二斤，而建宁茶品为上。如果按照上述记载计算，总共为三千三百二十四斤，或许其他贡茶没有记录其中。从贡茶量来看，福建最多，主要是建安各类芽茶和崇安武夷茶，二产所贡即占明代贡茶总额的一半以上。浙江贡茶产地最多，有十八个县上交贡茶，虽然贡额不大，但说明这些地方茶叶各有特色。

对明代贡茶的弊端，明孝宗弘治间，广信府同知曹琥大胆向朝廷奏了一本，其名叫《请革芽茶疏》。文中对当时贡茶引起的恶果，作了深刻揭露。疏中云："臣查得本府额贡芽茶，岁不过二十斤……迩年以来，额贡之外，有宁王府之贡，有镇守太监之贡。是二贡者，有芽茶之征，有细茶之征。始于方春，迄于首夏，官校临门，急如星火，农夫蚕妇，各失其业，奔走山谷，以应诛求者，相对而泣，或困怨而怒，殆有不可胜言者。如镇守之贡，岁办千有余斤，不知实贡朝廷者几何。"可见除了固定贡额外，王爷、太监等亦有另外索贡。茶叶既有芽茶，也有细茶。从春至夏，从昼至夜，百姓无法忙于农活，给农业生产造成极大影响，给农民生活造成很大困扰，疏中还分条详细介绍了五种危害。贡茶之害，非无人知晓，害于明知故犯，只为满足一己之私欲耳。

（四）清朝贡茶

清编修官查慎行《海记》中对清初贡茶地和贡茶数量均有详细记载，包括江苏省 3 地、安徽省 7 地、福建省 3 地、浙江省 17 地、江西省 11 地、湖北省 1 地、湖南省 7 地，共 7 省 49 地进献贡茶。其中安徽省池州府、徽州府，江苏省苏州府贡茶数量最多，均为三千斤；其次为福建省建宁府建安县、崇安县，分别为一千三百六十斤、九百四十一斤，共计一万一千三十一斤。

从历代贡茶情况来看，每个朝代贡茶额起初很少，之后逐渐增加。一方面反映出封建统治阶级对茶叶的需求不断增加，另一方面说明了政治的逐渐腐败，这也许就是朝代更迭不定的原因之一。贡茶也是反映封建朝廷腐败程度的一个缩影。

三、官焙贡茶院

历史上第一家官焙贡茶院建立在唐代。唐朝官焙贡茶院的建立应是封建君主为满足私欲，并彰显皇权优势的集中体现。由唐初的简朴持国、对贡品的严格控制到逐渐扩大贡品种类与数量，从茶叶的进献、征收到自建官焙贡茶院，说明权力的不断蜕化和腐化，并逐渐成为满足私欲的工具。茶贡只是冰山一角。

唐朝之前茶已有之，但官焙专贡无疑起自唐朝，历史资料的详细记载可以证明，顾渚山官焙贡茶院的建立是御茶官焙开始的标志。宋朝又增加了新的官焙贡茶院，设立在福建建瓯市。元朝沿袭前法，又在福建武夷山建立官贡院（后期改贡延平）。其他地方贡茶院不断增加，贡茶数量逐渐增多，代表着茶叶发展的逐渐兴盛，也说明了统治者对于茶叶品质的要求不断追求多样化。到了明清，官焙院虽被取消，但贡茶制度依然存在，贡茶地覆盖全国各产茶区。

各朝代选择建造官焙院的地址，首先考虑的是产地规模和气候条件能够满足茶叶数量和品质要求。其次是运输方便、管理便利。各朝官焙贡茶院的迁移还有朝代更迭、万象更新之意。除茶叶品质变化，君王嗜好不同，亦有去旧布新、万事初始之意。唐朝为顾渚山官焙院，宋朝为凤凰山官焙院，元朝为武夷山官焙院，明清之后无官焙。贡茶讲求出新，或外形或茶品逐渐变化，但都以君王喜好而决定。

官焙贡茶院的建立是以满足经济生活为基础，君主及士大夫需求推动而形成的。其作用表现在以下几个方面。

（1）满足饮茶需要。主要是向朝廷及官员提供长久稳定的好茶。茶叶唐之前已有，未形成一定规模。唐朝政治安定，人民生活稳定，物质生活的满足带来对精神生活的追求。诗文化的兴盛使文人阶层不满足空对日月，酒、茶的相伴丰富了诗的内涵，三者相得益彰，彼此起落消长。文人、诗人的妙笔使茶文化迅速繁荣，对茶的需求相应增加，从而带动了茶叶生产的兴盛，种茶、买茶、品茶渐成风尚。

（2）带动经济发展。贡焙院的建立带动茶产业的兴起。从种植、加工制造到销售规模的不断扩大，从茶摊到各类茶馆的不断涌现，带来了茶叶市场的繁荣。官焙贡茶院建立之初仅是为满足饮茶之需，随着消费群体的增加和市场规模的扩大，茶税成为国家财政收入的新来源。收取茶税在唐朝中期开始，要晚于官焙贡茶院建立时间。

（3）带动和促进名茶的产生。贡焙院茶叶加工技术代表了当时的最高水平，会带动提升整个茶叶的整体技术水平，对名茶的产生和创新起到引领作用。

（一）顾渚山官焙贡茶院

据《长兴县志》记载："唐代宗大历五年置官焙贡茶院于顾渚山。宋初贡而后罢。元改官焙贡茶院为磨茶院。明洪武八年革罢，每岁止贡芽茶二斤。永乐二年，加赠三十斤，岁贡南京，焚于奉先殿。然官茶地止有一亩[①]八分。"

顾渚山官焙贡茶院经历唐、宋、元、明四朝均入贡，可见历代君王对其之赏识。

---

① 明代1亩≈0.92亩（今）≈614平方米，下同。

（二）凤凰山官焙院

北宋宋子安《东溪试茶录》记："我宋建隆（960 年）以来，环北苑近焙岁取上供，外焙俱还民间……又丁氏旧录云：官私之焙千三百三十有六，而独记官焙三十二。东山之焙十有四……南溪之焙十有二……西溪之焙四……北山之焙二。"

北宋熊蕃《宣和北苑贡茶录》述："太平兴国初，特制龙凤模，遣使臣即北苑造团茶，以别庶饮，龙凤茶盖始于此……然龙焙初兴，贡数殊少，累增至元符，以片计者一万八千，视初已加数倍，而犹未盛。今则为四万七千一百片。"

元朝时贡焙院移至武夷山，北苑渐废，至明时俱废。

（三）武夷山官焙贡茶院

元朝贡焙，保留着部分宋朝的贡茶地，其中包括御茶园和官焙。元大德六年（公元 1302 年）朝廷又在武夷山创建茶场，称"御茶园"，专制贡茶。

董志《武夷山志》记载了建院经过："……至元十六年（公元 1279 年），浙江行省平章高兴过武夷，制石乳数斤入献。十九年，乃令县官莅之，岁贡二十斤，采摘户凡八十。大德五年，兴之子久住，为邵武路总管，就近至武夷督造贡茶，明年创焙局，称为'御茶园'。"

元朝时在武夷山设立贡焙院，明朝嘉靖三十六年以茶枯罢之，改贡延平，清朝又入贡。

第二节　历代名茶

"茶"字首次出现于陆羽《茶经》中，陆羽有感于茶的代表字之混乱，故将"荼"减一画而成"茶"字，自此之后"茶"字逐渐被人民认可并使用，本节所论茶品为唐朝后之茶。

唐朝经济发展、社会稳定促进了农牧业与其他产业的发展，茶叶即是其中之一。物质经济的富足使人民开始追求身体的健康和社会生活的丰富和满足，而茶叶以其祛病健身、清神爽心为士大夫等上层阶级所推崇，并逐渐引导消费。茶叶在唐朝得以迅猛发展，到唐朝后期成为财税重要来源。茶品之兴亦是自此而起，自此而名。唐朝茶名多以产茶地命名，如顾渚紫笋、蒙顶茶、阳羡等都是如此。根据现有历史资料来看，在唐代茶叶产地不断扩大，茶叶名品逐渐繁多。据《新唐书》记载，共有十七郡产茶。到了宋朝，茶叶名品更是纷繁争胜，仅北苑贡茶就有四十余种之多，茶品名称逐渐由单一茶地命名向文化性用词转变，如北苑贡茶中的密云龙、瑞云翔龙、龙凤团等。

宋朝是茶文化兴盛的时期。茶文化的兴盛繁荣带来对品茶、评茶艺术的发掘和深化，茶名的取用也趋于功利化、形象化和艺术化。明朝炒茶工艺的革新，克服了过去蒸青独大的局面，名茶大量涌现，同时茶类也由单一绿茶向青茶、白茶混合发展。到了清朝，六大茶类已基本存在，茶品之多超过以往任何朝代。本文所述，单就绿茶来分析名茶产生原因，以求窥一斑而见大貌。

应当指出的是，我们现在所知道的茶品，都是来自史料所记，史料记载的肯定不是所有茶品，而是当时较有名的茶品。史料记载者多有好恶之心，有时也仅是一己之见，故其所述并不全面，但对于帮助我们了解当时的大致情况还是可行的。

一、唐代名茶

唐朝，人们安居乐业，各行业繁荣发展，饮茶之风开始，茶品大量出现，记录的史籍主要有《茶经》《茶述》《唐国史补》《膳夫经手录》及《茶谱》。

陆羽《茶经》所论，主要以产地定茶优劣，未言及具体茶品，即是用产地代表茶品。茶叶品质最好的地方为峡州、光州、湖州、彭州、越州。五十年之后斐汶《茶述》记叙产地变为顾渚（湖州）、蕲阳（蕲州）、蒙山（雅州）为上。两者对比，只有湖州顾渚山茶仍排在前列，而其他则变为蕲阳（蕲州）、蒙山（雅州），这说明各地茶叶发展的不平衡。顾渚山或因是贡茶，所以占据天时，故能一枝独秀。而其他二州的崛起则应与当地政府的支持分不开，与经济发展的定位有关。

茶叶已成为当时的重要商品之一，人们饮茶日盛，茶叶也成为生活常备，同时茶叶还成为国家税收的重要来源。茶税征收始自张滂，地方政府为开拓税源，根据地方优势条件加大对茶叶的种植和发展是极有可能的。之后李肇《唐国史补》也记载了当时有名的茶叶产区，有剑南、湖州、东川、峡州、福州、婺州、建安、夔州、江陵、湖南、睦州、洪州、寿州、绵州、雅州、南康、彭州、渠江、邛州、黔阳、泸川、义兴。剑南排在了湖州顾渚之前，因其"有蒙顶石花，或小方、散芽，号为第一"。意即蒙顶石花应是团片，还有方片，散芽（蒸青散茶），可谓品类很多。"第一"应是指产量，品质也应不错。

杨晔《膳夫经手录》记载了当时朝廷茶叶名品的具体情况，因为"膳夫"就是为朝廷专门安排膳食的，他的记载应该可靠。书中既有大宗茶叶，又有小而精的名品。大宗如新安茶、饶州浮梁茶、蕲州茶、鄂州茶、至德茶、衡州衡山、潭州茶、阳团茶、渠江薄片茶、江陵南木茶、施州方茶、建州大团，为"多为贵"，意即上述产地为茶叶主产区。说明以上地区气候适宜茶树生长，应是温暖湿润地区，否则茶叶产量不会高。而蒙顶、湖州顾渚、峡州、舒州、岳州泡湖、蕲州、寿州霍山小团、睦州、福州、宣州鹤山茶、东川、歙州、婺州、祁门、婺源为小宗茶，为"少而精者"，上述茶品应是当时名品，且蒙顶、湖州顾渚、峡州仍是前三。

后蜀毛文锡《茶谱》所记多从宋朝书中摘录，其准确性到底如何，不得而知。但也看出茶叶品种之繁，可以说是囊括了上述全部茶品。

唐朝茶品排名的变化受多种因素影响，既有政治、经济，还有气候等因素。顾渚茶一直为第一，当是受官焙贡茶影响，有皇帝喜欢、群臣关爱，自是精制。但之后茶园中茶树或老化严重，或土质大非从前，茶叶品质当有很多改变，况顾渚山区域不大，产量有限。《唐国史补》将蒙顶茶排在第一，应是指其产量占优。然其中必有精品，方能得朝廷青睐。蒙顶山山势雄伟，自是顾渚山所不能比，高山之中出名茶，因此，蒙顶茶能成为第一。

总而观之，唐朝名茶以顾渚紫笋、蒙顶茶、阳羡茶最为著名，留文颇多。

二、宋代名茶

宋朝官焙北苑茶仍然一枝独秀，独霸一代，但其他茶品亦不甘示弱，快速发展。记录相关茶品的史籍有《荈茗录》《茶赋》《述煮茶泉品》《茶录》《东溪试茶录》等，其他散记多于唐代。

宋代陶穀（公元963—970年）《荈茗录》记有几种茶品，圣杨花属于蒙顶茶的一种，应是"仙茶"起源，其地点、人物及茶叶贡献斤数，与"仙茶"之说相似。缕金耐重儿为建州茶膏，饼茶大小及外饰应是之后北苑龙凤团雏形。玉蝉膏即铤子茶，建茶京铤子茶应仿自它。

吴淑《茶赋》中，"涤烦疗渴，换骨轻身"为渠江薄片，西山白露。"仙人之掌"为仙人掌茶。"先火而造，乘雷以摘"应为蒙顶茶。"造彼金沙"为顾渚紫笋。还有宾化早春、阳坡横纹、濒湖含膏、龙安骑火、鹤岭柏岩、西亭鸠坑、蜀冈牛岭、洪雅乌程、碧涧茶。

叶清臣《述煮茶泉品》记有："大率右于武夷者，为白乳；甲于吴兴者，为紫笋；产禹穴者，以天章显；茂钱塘者，以径山稀；至于续庐之岩、云衡之麓，鸦山著于无歙，蒙顶传于岷蜀。"

书中将武夷茶置于首位，当时武夷茶亦已成名，只是次于"白乳"贡茶。时有武夷茶、北苑白乳、顾渚紫笋、天章、径山茶、庐山、衡山、鸦山、蒙顶名茶，涌现出许多名品。

宋朝一代茶书基本上都是围绕北苑贡茶而写，其中有名的为蔡襄的《茶录》，宋子安的《东溪试茶录》。

《茶录》有"茶味主于甘滑。惟北苑凤凰山连属诸焙所产者味佳。隔溪诸山，虽及时加意制作，色味皆重，莫能及也。"北苑中以凤凰山连属诸焙所产茶味佳。也就是说虽在一个地区，但茶叶品质最好处只有几处，其他各处茶焙虽然精心制作，但因所用茶叶原料不好，制出的茶叶"色味皆重"，非好品。

宋子安《东溪试茶录》中记："又以建安茶品，甲于天下，疑山川至灵之卉，天地始和之气，尽此茶矣。"意即建安茶因为凝天地始和之气，故其品质"甲于天下"。而"天地始和之气"应是天地之间达到的一种阴阳平衡状态，万物相互包容、依赖、和谐共生，这也是最佳状态。

其他散记有北宋乐史《太平寰宇记》，书中载有"雅州土产茶，苏州长洲县洞庭山茶，常州土产紫笋茶，湖州土产紫笋茶，於潜县天目山茶，建州土产茶"等茶品。

王存《元丰九域志》所述产地有南康军、广德军、潭州长沙郡、江陵府江陵郡、建州建安郡。

范镇《东斋纪事》记有："蜀之产茶凡八处。雅州之蒙顶，蜀州之味江，邛州之火井，嘉州之中峰，彭州之堋口，汉州之杨村，绵州之兽目，利州之罗村。"

刘弇《龙云集》记有："今日第茶者，取壑源为上。至如日注、宝峰、闵坑、双港、乌龙、雁荡、顾渚、双井、鸦山、岳麓、天柱之产，虽雀舌枪旗号品中胜绝，殆不得与壑源方驾而驰也。"

王十朋《会稽风俗赋》则记有："日铸雪芽，卧龙瑞草。瀑岭称仙，茗山斗好。顾渚争先，建溪同蠢。"

宋代之茶，北苑龙凤团作为御茶，影响最大。好茶者对之各抒己见，以逞笔工。团饼样式及颜色各异，样式有金铤、六花、叶家白、王家白之分，颜色分的乳、石乳、头金、蜡面、京铤之不同。

其他名茶亦见诸笔端，蒙顶茶、顾渚紫笋茶虽辉煌不在，但余韵悠长，《太平寰宇记》《南部新书》都重点谈及，并指出其他名茶。洞庭山茶、天目茶在《太平寰宇记》中首次提及。除了团饼茶，《元丰九域志》中还谈及一些芽茶名品。

三、明代名茶

明朝品第之胜又高于前朝，著作之繁亦是如此，从茶书中可见一斑。《古今茶书集成》中，明朝著述占据所有茶书的近一半。文人雅士各抒己见，折籍成篇，累累大观。

明代钱椿年在《茶谱》中提出茶品以"石花最上，紫笋次之。又次，则碧涧明月之类是也。"蒙顶石花茶最好，然后是顾渚紫笋、碧涧明月茶。

田艺蘅《煮泉小品》记："又其上为老龙泓，寒碧倍之，其地产茶，为南北山绝品。"老龙泓茶应是现在的龙井茶，为南北山最好。

高濂《遵生八笺》则曰："茶之产于天下多矣……品第之，则石花最上，紫笋次之。"蒙顶石花最好，其次为顾渚紫笋茶。其《茶笺》所论则以虎丘茶为最，罗岕、龙井次之，天池、六安、天目山下，似与上述不同。

屠隆《考槃余事》对当时名茶进行评价，虎丘为"最号精绝，为天下冠"。他认为虎丘茶最好，只是产量较少。天池"可称仙品"，六安"品亦精，入药最效。但不善炒，不能发香而味苦。茶之本性实佳"，言其炒制方法不佳，苦涩味重。

徐岩泉《六安州茶居士传》则看重六安茶，"其在六安一枝最著，为大宗；阳羡、罗岕、武夷、匡庐之类，皆小宗；蒙山，又其别枝也。"

张谦德《茶经》曰："品第之，则虎丘最上，阳羡真岕、蒙顶石花次之，又次之，则姑胥天池、顾渚紫笋、碧涧明月之类是也。"虎丘茶最好，阳羡、蒙顶石花次之，然后是天池、顾渚紫笋、碧涧明月，阳羡居于顾渚紫笋之上，应得益于洞山茶。

许次纾《茶疏》认为江北茶以六安为主，而江南茶类众多，名茶不断涌现，阳羡、建茶声名不再，惟武夷茶最胜。岕茶又被今日所尚，而岕茶产自长兴地为罗岕，产自宜兴处为洞山岕。其他名品亦多不胜举，有歙之松萝、黄山，吴之虎丘，钱塘之龙井，而"天台之雁宕，括苍之大盘，东阳之金华，绍兴之日铸，皆与武夷相为伯仲。"上述茶品非其全部品尝，有些亦是听人说起，但说明当时这些茶品已声名在外。

冯时可在《茶录》中论苏州茶和松萝茶，"故知茶全贵采造。苏州茶饮遍天下，专以揉造胜耳。徽郡向无茶，近出松萝茶，最为时尚。"此说明茶叶炒制工艺之重要。松萝茶参考虎丘茶制法，因"采诸山茶"制成，品质虽不错，但比不上虎丘茶，这也说明茶叶原料的重要性。

黄龙德《茶说》谈虎丘茶，"其真虎丘，色犹玉露，而泛时香味若将放之橙花。此茶之所以为美。真松萝出自僧大方所制，烹之色若绿筱，香若兰蕙，味若甘露，虽经日而色香味竟如初烹而终不易。"真虎丘茶汤色如玉露，淡绿色，香气如将放之橙花，淡而久。真松萝泡出的汤色要比虎丘茶绿，香气如兰花，滋味甘。松萝、虎丘滋味均甘而滑。

周高起《洞山岕茶系》专论洞山茶，"云有八十八处。前横大涧，水泉清驶，漱润茶根，泄山土之肥泽，故洞山为诸岕之最。"岕茶共有八十八处，而洞山茶因为涧水漱润，并且土壤肥沃，故品质最好。洞山岕茶分四等，以老庙后为第一品。

上面各茶书所论虽代表一己之见，但也反映各地区茶叶名品情况。大抵而言，之前名品声名仍在，如蒙顶石花、顾渚紫笋。新品以虎丘、罗岕、洞山、六安、龙井、武夷、匡庐、松萝、黄山为著名，罗岕与顾渚茶同在长兴，洞山与阳羡同在宜兴。其他茶品少有涉及，所论不多。总体而言，明朝茶书中论及最多的茶品有蒙顶石花、顾渚紫笋、虎丘茶、罗岕茶、洞山茶、六安茶、龙井茶、武夷茶、匡庐茶、松萝茶、黄山茶。

明代由于芽茶炒制技术取代了之前的蒸青团饼技术，故对其品质的分析评判逐步全面和成熟。与之相关的研究也成为必然，包括加工技术的引进与创新，对名茶品的不断试制出现，对影响茶叶品质因素的全面深入与分析，从而促进了茶叶品评技术的不断改进与完善。茶叶生产与品评相互促进，成为茶文化不断丰富繁荣的文化源泉。

四、清代名茶

清朝茶书较少，论茶者多沿袭前人，出新者不多。

《六合县志》有言："品茶者从来鉴赏，必推虎丘第一，以其色白。"看来虎丘茶成名已久。

清代震钧《茶说》首次谈到碧螺春："茶以苏州碧螺春为上，不易得，则杭之天池，次则龙井；岕茶稍粗，或有佳者，未之见。次六安之青者。"此时碧螺春成为上品，然后为天池、龙井、岕茶、六安。

程淯《龙井访茶记》则专论龙井茶，"龙井茶之色香味，人力不能仿造，乃出天然"，是言品质优异。

袁枚《随园食单》是清代论述茶叶名品为数不多的书，记载茶品较多，有武夷茶、龙井茶、常州阳羡茶、洞庭君山茶、六安银针、毛尖、梅片、安化等。书中对天下名茶进行评价，"尝尽天下之茶，以武夷山顶所生、冲开白色者为第一……其次，莫如龙井……雨前最好，一旗一枪，绿如碧玉。"意即武夷山茶第一，其次为龙井茶。又云"龙井虽清而味薄矣，阳羡虽佳而韵逊矣。"即龙井茶以清胜，阳羡韵稍差。

而对于茶"韵"的理解可谓独到，"上口不忍速咽，先嗅其香，再试其味，徐徐咀嚼而体贴之。果然清芬扑鼻，舌有余甘，一杯之后，再试一二杯，令人释躁平矜，恰情悦性。"这应该是对"韵"的最好解释，好茶不单要香气清芬扑鼻、舌有余甘，还要能引起美好的精神享受。

陈淏子在《花镜》中认为："芥片为江、浙第一。虎丘、龙井又为吴下第一。松萝、伏龙、天池、阳羡等类，色翠而香远，亦为著名。荆溪、武夷稍下，天目径山次之。六安香味不及仅可入药。"

清朝茶叶名品众多。顾渚山茶、洞山芥茶、武夷茶、松萝茶、龙井茶、虎丘茶、君山茶、洞庭山茶、庐山茶、阳羡茶等依然稀少难求，真者香味俱绝。

第三节 品评标准

古人对于茶叶品质的评判主要基于香气、滋味、汤色和外形，茶叶的审评标准是经过长时间积累，不断完善而发展建立起来的。茶叶评判标准的初步建立应是以名茶为准则，建立的原则在于对茶叶功能的较好表述。唐朝以饼茶为主，故好茶标准依此而立。饼茶由于制作较简单，饮用方式以煮茶为主，故对茶叶的评判主要表现在滋味、汤色、香气上，茶饼对外形稍有注重。唐朝茶叶饮用主要为了驱睡去滞、清神益体，对滋味的要求放在首位，对汤色、香气的评价较简单。随着斗茶的出现，茶叶标准进一步细化和完善，并对茶饮用具提出更高要求，从而带动了对茶叶饮用之风和饮用之道的探究。

宋茶喜欢清雅、精致，在加工工艺未发生根本性转变时，其茶饼制作倾向于外形精致化，文化内涵逐渐丰富，审美情趣趋于高雅、多样化。好茶对外形的要求放在首位，香气、滋味、汤色的好坏标准也基本建立。

明朝蒸青茶转变为炒青，茶叶品质发生重大转变。从色泽到香气、滋味，对香气的多样化追求，导致对不同地区的茶叶选择需求大大提高（因茶叶香气成分较多，不同地区差距很明显）。不像蒸青茶叶香气较单一，炒青茶叶香气多样，有各种花香、糖香、季节香等。因此，明朝侧重于香气，并讲究香气、滋味带来的综合体验。

清朝茶叶种类逐渐丰富，出现绿茶、红茶、黑茶等，人们的需求亦越来越多样化。绿茶的评判标准，注重色、香、味、形综合评定。

一、唐代茶叶品评标准

茶叶在唐朝开始盛行，作为一种新的饮物，人们对它的要求首先体现在解渴和保健功能上，故好茶的标准以此而建。唐朝社会稳定，各方面日渐丰富与繁荣，对新事物的接受程度高。限酒令的实施一度使茶叶成为人们打发时间的替代品，夜生活的丰富也使茶叶成为提神品，因此茶多酚含量高的紫笋类茶叶成为唐人的最爱。据现在有关研究证实，紫色芽中通常含1‰或更多的花青素。花青素是茶汤苦味的重要来源，因此，提神效果显著。唐朝尚紫，紫芽茶品种较少，可谓稀奇。因稀为贵，故能为世人瞩目，此也许是顾渚紫笋茶能成为官焙贡茶的重要原因之一。而唐朝对于茶叶的外形不甚看重，对茶的汤色和香气要求亦不高。

（一）茶叶的保健功能

《茶经》中所述："茶之为用，味至寒，为饮最宜。精行俭德之人，若热渴、凝闷、脑疼、目涩、四肢烦、百节不舒，聊四五啜，与醍醐、甘露抗衡也。"茶之为用，在之前书中多有记载。"精行俭德"盖指《晋中兴书》所记陆纳和《晋书》中桓温之事。"热渴、凝闷、四肢烦、百节不舒"之功效在《神农食经》《与兄子南兖州刺史演书》《食论》等书中都有记载。"脑疼、目涩"为陆羽扩大之药用功效，茶叶还有"醒酒，令人不眠"之作用。

饮茶能解渴，解渴之余还能调节身心，祛病强身，所以自此之后茶饮成风。如王建所说"消气有姜茶"，茶能消病气。颜真卿有"流华净肌骨，疏瀹涤心原"之说，饮茶能使心地纯净。皎然有"赏君此茶祛我疾"之句，茶有祛病之功效。

唐代毋煚在《代茶饮序》中云："释滞销壅，一日之利暂佳；瘠气侵精，终身之累斯大。获益则归功茶力，贻患则不为茶灾。岂非福近易知，祸远难见。"对饮茶之利弊可谓善知者。凡事过犹不及，饮茶虽能"释滞销壅"，但因蒸青绿茶性寒，身体性寒的人过多饮用就有害。故饮茶应因人而异，并且要适度。

白居易《赠东邻王十三》中有"破睡见茶功"，表明茶能去睡意。《镜换杯》中有"茶能散闷为功浅"，看似茶散闷之功不如酒。

（二）汤色

唐代李泌《赋茶》中有"旋沫翻成碧玉池，添酥散出琉璃眼"，是指茶汤色为碧绿。唐人初期饮茶好添加一些别的东西，延续了古人煮茶之风，此处"酥"不知是何物。宋代彭乘《续墨客挥犀》云自此之后"遂以碧色为贵"。如唐代李郢《春日题山家》中有"嫩茶重搅绿，新酒略炊醅"，茶汤为绿色。唐代郑愚《茶诗》中有"尝见绿花生"，汤色也为绿色。

（三）香气

唐代李华《云母泉诗》中有："泽药滋畦茂，气染茶瓯馨。饮液尽眉寿，餐和皆体平。"茶香用"馨"来形容，有花香之清神。

卢纶《新茶咏寄上西川相公二十三舅大夫二十舅》中有"日调金鼎阅芳香"，用"芳香"形容茶叶香气。

白居易《题周皓大夫新亭子二十二韵》中有"茶香飘紫笋"。总之，唐朝对茶叶香气的评价较单一，这与茶为蒸青茶有关。唐朝首重保健功能，故对滋味看重。

二、宋代茶叶品评标准

到了宋朝，茶叶品评技术的不断提高为茶叶加工技术的创新发展提供了动力，从外形到加工方式上都有所改变，茶饼加工日趋精致。宋徽宗赵佶对茶叶宠爱有加，且他书画造诣颇深，对事物要求精益求精，对茶叶的外形及内质要求亦是如此。他尤其喜欢精致原料加工的小龙团饼，因此促进了茶饼向高雅及精致发展。对外形的精致化要求必然要牺牲一部分茶叶内质，因为制成团饼前，须将茶叶内汁挤压出，以便于造型。

宋代蔡襄的《茶录》是目前所知宋朝最早的茶书。书中提出茶的优劣评价标准，是从色、香、味三者入手的。色包括干茶色与汤色，宋茶延续唐茶的制作方法，以饼茶为主。茶饼以不"珍膏油其面"为佳，即"茶色贵白"。茶的饮用方式为点茶，即先将茶饼碾成茶末，调成膏状然后用沸水冲泡后饮用。汤色"以青白胜黄白"，因"黄白者受水昏重，青白者受水鲜明"，这是从汤色的清浊程度而言。对茶汤的审评还要从茶汤"粥面"多少来判定，即茶汤表面的沫饽要适当，以"面色鲜白，著盏无水痕为绝佳"。香以真香为佳，"真香"即茶叶自然之香气，不掺杂龙脑和膏等香料。茶汤滋味以"甘滑"为佳。可以看出，此时对于茶叶的审评标准已基本建立。

宋子安《东溪试茶录》主要分析了茶树所处生长环境的不同对茶叶品质的

影响，在审评标准上更加细化，审评用语多样化。"试茶"即品茶、评茶之意，此时应是茶叶审评之正式开端。香气有殊薄、甘香、郁然、勃然、少之分，香有浓、淡之别。干茶色有黄白、青白、青浊、黄、黄青等多种颜色。对于汤色既要看明亮程度，又要看粥面状况。粥面涣散和过厚均为不足，以粥面久不散为佳。滋味分为苦去而甘至、味多土气、味短、苦留、少甘而多苦、甘等多种，以甘为佳。

黄儒《品茶要录》主要从茶叶采摘及加工对茶叶品质的影响入手，阐述了应注意的问题。按黄儒所说，佳时采摘则"试时泛色鲜白"，雨天采摘则"色昏"，即汤色浑浊。杂以白合盗叶则会"试时色虽鲜白，其味涩淡"，对滋味造成不好的影响。蒸不熟及过熟，会对汤色香气造成影响。"色青，易沉，味为桃仁之气者"，为蒸不熟之病。"试时色黄而粟纹大者"，则为过熟之病。

压黄不及时则"试时色不鲜明，薄如坏卵气"。渍膏不彻底，则"试时色虽鲜白，其味带苦"，也就是说对汤色及滋味产生不好影响。烘焙不好则会"试时其色昏红，气味带焦"。

茶叶生产的每一个环节都很重要，从原料采摘到加工的每一道工序，都要按标准来进行，及时准确实施才会做出好茶，否则就会影响茶叶的滋味、香气、汤色等品质。生长环境优劣亦影响茶叶品质，《品茶要录》最后对壑源与沙溪两地所产茶进行比较得出："凡肉理怯薄，体轻而色黄，试时虽鲜白，不能久泛，香薄而味短者，沙溪之品也。凡肉理实厚，体坚而色紫，试时泛盏凝久，香滑而味长者，壑源之品也。"从干茶轻重、颜色、汤色、香气、滋味进行综合比较，可以说审评标准已很科学全面。

宋徽宗赵佶《大观茶论》中论述的茶叶审评标准是从滋味、香气、汤色上来判断的，同时对茶饼外形专门阐述。"夫茶以味为上。香甘重滑，为味之全。"赵佶认为滋味最重要。茶要有真香，不杂以龙麝。"点茶之色，以纯白为上真，青白为次，灰白次之，黄白又次之。"汤色以纯白为最好，青白好于黄白，这与蔡襄见解一样。至于外形，主要看颜色、纹理，并且"难以概论"，但"色莹彻而不驳，质缤绎而不浮，举之凝结，碾之则铿然，可验其为精品也"，也就是说要综合判断。

代表宋朝较高水准的四部茶书，都对茶叶品质审评发表了看法，虽侧重点不一，但都包含了茶叶品质的四个因素，即外形、香气、滋味、汤。与唐朝不同，宋朝饮茶不再是一种修心养身及消遣的手段，而是将饮茶、品茶看做是生活的一种乐趣，一种艺术追求。对茶叶品质的审评更加全面、更加科学，审评标准基本建立。

宋代范仲淹《和章岷从事斗茶歌》对茶叶的评判过程做了较详细的介绍："黄金碾畔绿尘飞，碧玉瓯中翠涛起。斗茶味兮轻醍醐，斗茶香兮薄兰芷。"先用碾将茶饼碾碎成粉末，点茶后看其汤色，品茶味，闻香气。品尝次序与现在不一样，现在是先闻香气再尝茶汤滋味。这其中原因应该是宋朝时茶饼制作多用膏油饰其面，对茶叶香气影响很大，故重视滋味甚于香气。

梅尧臣《李仲求寄建溪洪井茶七品》一诗对七样茶做了审评，"末品无水晕，六品无沉柤。五品散云脚，四品浮粟花。三品若琼乳，二品罕所加。绝品不可议，甘香焉等差"，是从汤沫、香气两个方面将茶叶品质分为七等。绝品茶品质妙不可言，很难描绘。

蔡襄认为，"今茶绝品，其色甚白，翠绿乃下者尔。"王观国《学林》卷八《茶诗》云："茶之佳品，芽叶细微，不可多得。"则是从茶叶外形来判断茶品之高下。

宋朝对茶叶品质的要求，外形以细、白为贵，应是指茶叶白毫较多；汤色以纯白最好；香气以真香高长为妙；滋味以甘为重。

三、明代茶叶品评标准

绿茶种类在明朝之后随着新加工技术的出现、改进及出产地的不同变得日渐丰富、多样。因此，为区分茶叶品质优劣的茶叶评判技术也随之日趋成熟。

朱权在其《茶谱》中描绘了 15 世纪中叶我国饮茶艺术特色，重点突出"雅、静、洁"。首先，饮茶环境要清静，"或会于泉石之间，或处于松竹之下，或对皓月清风，或坐明窗静牖。"后次序之雅致，先设香案，"一童子设香案携茶炉于前，一童子出茶具，以瓢汲清泉注于瓶而炊之。"其次，"碾茶为末，置于磨令细，以罗罗之"；待水如蟹眼，投茶末于巨瓯，童子捧献于前，主人举瓯劝客，并用茶语（与今日之酒令相似），客人回敬之。观此品茶，颇有书生雅气。

书中茶语很是文雅，"主起，举瓯奉客曰：'为君以泻清臆。'客起接，举瓯曰：'非此不足以破孤闷。'乃复坐。饮毕……话久情长，礼陈再三，遂出琴棋。"可以看出茶已经与琴棋一样成为君子相聚言欢、增进友谊、陶冶情操的良好媒介。这仍是唐朝煮茶法，说明团饼茶在当时仍存在。

书中还介绍了泡茶法与点茶法。点茶法沿袭宋朝技术，但有所创新，点茶之前先烤盏。泡茶法对于茶的评判标准："大抵味清甘而香，久而回味，能爽神者为上。"以滋味甘而回味，能爽神，香气清且长者为好茶。此标准包括了滋味、香气，采制原料为一枪一旗，讲求一种综合感觉，这应该是当时流行的品茶方法，标准还未细化。

16 世纪中叶，明代田艺蘅的《煮泉小品》中首次介绍了新的茶叶加工方法，即"日晒茶"。他认为茶叶"天然者自胜"，因为今之芽茶，不像之前团饼茶，经过碾磨并以油膏饰之，已失去真味。"芽茶以火作者为次，生晒者为上，亦更近自然，且断烟火气耳。况作人手器不洁，火候失宜，皆能损其香色也。生晒茶，瀹之瓯中，则旗枪舒畅，青翠鲜明，尤为可爱。"其实生晒者已是白茶，不是绿茶。但因减少许多加工环节，清洁度高。生晒茶能最大保留原材料的本真状态，故干茶泡开后，"则旗枪舒畅，青翠鲜明，香洁胜于火炒，尤为可爱。"从中能够看出田艺蘅对茶叶讲究的是叶底完整、本真自然，对茶叶外形非常看重。屠隆在《茶笺》中同意田艺蘅的观点，"茶有宜以日晒者，青翠香洁，胜于火炒。"

明代张源在《茶录》中基于茶叶的香气、滋味、颜色对茶叶品质进行综合判断。他认为，"茶有真香，有兰香，有清香，有纯香。表里如一曰纯香，不生不熟曰清香，火候均停曰兰香，雨前神具曰真香。更有含香、漏香、浮香、问香，此皆不正之气"，对香气进行了细分并加以阐释，如果实践经验不丰富不可能论述得这么细致。在顾大典《茶录序》中谈及张源："隐于山谷间，无所事事，日习诵子百家言。每博览之暇，汲泉煮茗，以自愉快。无间暑，历三十年疲精殚思，不究茶之指归不已。"看来张源对茶叶的香气非常看重。

颜色分茶汤颜色和干茶颜色，干茶"以青翠为胜"，茶汤"以蓝白为佳"，并且"雪涛为上，翠涛为中，黄涛为下"。"蓝白"不知是否与茶瓯颜色有关，因为按照下文，汤色有"雪涛、翠涛、黄涛"，并没有蓝白。滋味则"以甘润为上，苦涩为下"。

按明代姚绍宪在《茶疏序》中所说，明代许次纾所著《茶疏》中的许多茶理来自两人品茶相聚，为姚绍宪传授给他的。因姚绍宪在明月峡中辟"小园其中，岁取茶租，自判童而白首，始得臻其玄诣。"看来任何经验的获得都不是朝夕而就的，需要长期的实践与揣摩方能悟得。

许次纾"每茶期，必命驾造余斋头，汲金沙玉窦二泉，细啜而探讨品骘之。余罄生平习试自秘之诀，悉以相授。"他对明月峡所产茶叶，认为只要"采之以时，制之尽法，无不佳者。其韵致清远，滋味甘香，清肺除烦，足称仙品。"他首次在文中提出"气韵"，认为用多了粪，茶叶品质并不好，"勤于用粪，茶虽易茁，气韵反薄。"其实气韵应是茶叶香气和滋味等带给人的一种特殊体验。一地有一地之气韵，非别处所有，它是因茶树生长环境的不同所形成的特定品质，这种气韵能够带给品茶者以不可言喻的感觉。气韵受粪水影响，应指其气味受杂气影响，故气不纯、不清、不长。

根据张载"气学"理论，气韵的高低在于周围气的清浊程度。茶树生长在地势高处，周围气清淑，越向上，气越清正，茶树浸润其中，其所禀受的气质清正，故其茶叶的品质亦清正。相反，茶树长在平原尤其是低洼之地，周围气就浑浊，其所禀受的气质杂乱不堪，其茶叶品质亦不纯正，香气杂乱、滋味浑浊、气韵故薄。受许次纾影响，自此之后人们对茶叶的评判增加了气韵，因气韵难以描述，重在感觉，这也使茶叶的好坏受主观影响较大。

此后，对于茶叶品质的评价开始侧重于气韵。明代熊明遇《罗岕茶记》云："茶产平地，受土气多，故其质浊。岕茗产于高山，浑至风露清虚之气，故为可尚。"此论与张载气学之观点相同。他认为："茶之色重、味重、香重者，俱非上品。"而洞山茶"其色如玉，至冬则嫩绿，味甘色淡，韵清气醇，亦作婴儿肉香，而芝芬浮荡，则虎丘所无也。"对于洞山茶的评价他用了"味甘色淡，韵清气醇"，意思是说滋味甘、汤色淡绿、香气醇厚、气韵清长。

罗廪可谓知茶者，因其"周游产茶之地，采其法制，参互考订，深有所会"，并"于中隐山阳，栽植培灌，兹且十年"，可谓亲历亲行者。他在《茶解》中认为好茶应该"色、香、味三美具备，色以白为上，青绿次之，黄为下。香如兰为上，如蚕豆花次之，以甘为上，苦涩斯下矣。"白指汤色为白色，白并不是无味，而是"白而味觉甘鲜，香气扑鼻，乃为精品。"也就是说，虽然汤色为白，但滋味足，香气如兰慢慢溢出。书中并提出精品茶"淡固白，浓亦白，初泼白，久贮亦白"，意即茶汤能保持长久不变的颜色。他还提出一个"燥"字，虽多饮，却能快人，是说饮用茶能给人一种舒爽感觉。而这种"燥"的品质与土壤有重要关系。

黄龙德对茶叶品质的评判在《茶说》中说得很明白，他认为干茶以绿间白毫为佳，汤色以"轻清者上，重浊者下"。茶香能达到"坐久不知香在室，推窗时有蝶飞来"，方为真香。而滋味"贵甘润，不贵苦涩"。

周高起《洞山岕茶系》是一部关于洞山岕茶的专论，他在书中将洞山茶分为四品。第一品干茶颜色"淡黄不绿，入汤色柔白如玉露，味甘，芳香藏味中，空濛深永，啜之愈出，致在有无之外"，即汤色白但味甘，香气慢溢。第二品"香幽色白，味冷隽，与老庙不甚别，啜之差觉其薄耳"，与第一品相比滋味稍差。第三品、四品品质渐差。从文中能够看出他注重的是茶叶香气和滋味，并且注重综合感觉。

明朝茶叶炒制技术不断创新，名品茶不断涌现。茶叶品评技术在雅士隐者的不断实践中逐渐丰富并成熟。

钟惺《茶诗》有"饮罢意爽然，香色味焉往"之句，品茶次序为"香、色、味"，重视茶叶香气，将茶叶香气放在首位。

杜濬《茶喜》一诗的序文中，对喝茶很有心得："夫余尝论茶有四妙：曰湛，曰幽，曰灵，曰远；用以澡吾根器，美吾智意，改吾闻见，导吾杳冥。"他认为茶有四妙，即湛、幽、灵、远。"湛"为清神心，能"澡吾根器"。"幽"为处静，故能专心能思，能"美吾智意"。"灵"即为灵感，能够启发创意。"远"为神行于外，飘飘如仙，对茶养神启思方面的作用极为推崇。

与以往历代不同，在对茶叶色、香、味、形进行品评的前提下，明朝重视茶叶"气韵"的优劣。"气"应指茶叶在生长过程中所禀受的阴阳之气。"韵"是韵味之意，即茶叶颜色、香气、滋味带给人们的一种综合感觉体验。总体而言，阴阳调和所形成茶叶的独特品质即为气韵。

四、清代茶叶品评标准

清朝茶类逐渐丰富，除了绿茶，还增加了红茶、乌龙茶等茶类。绿茶的评判标准，注重色、香、味、形的综合评定。清代有几本茶书主要介绍了虎丘茶、岕茶和龙井茶的生产加工，突出了它们与众不同的特色。虎丘茶的豆花香，岕茶的"味老香淡，具芝兰金石之性"，龙井茶的色淡、香洌、味极甘，都各具特色，不尽相同。

各朝代茶的品饮爱好标准不同、茶叶加工方式不同会影响对名茶的评判。唐代以蒸青饼茶为主，喜欢紫笋茶，因其茶多酚含量高，侧重滋味。宋代以研膏茶、团茶为主，侧重精致外形（杂以名香、饰以花纹）及汤色，以北苑与武夷茶为最。明代以炒青绿茶为主，侧重香气与滋味、气韵。当然品饮者个人爱好、标准不一，也影响对茶叶的评判。至清代，对茶叶的品评标准已建立，并相当完备，对茶叶的品评从色、香、味、形四方面进行综合判断。

第四章

名茶分论

在有关茶叶的历史文献资料中，有一些茶叶名品留笔较多，可谓异彩纷呈。这些名品有的或因是贡茶，所以备受推崇，如顾渚紫笋茶、蒙顶茶、阳羡茶、北苑茶、武夷茶；有的初不有名，经名人垂青便声名渐隆，如龙井茶、碧螺春茶；有的以炒制胜，如虎丘茶、松萝茶；有的因名山而知名，如霍山茶、庐山茶、黄山茶。十二名茶各具特色，各秉其质，包含了众多名茶的优点，对我们了解名茶的成因很有启发。

第一节　顾渚紫笋茶

顾渚山官焙贡茶院是我国建立于唐朝时期的第一个官焙贡茶院，也是第一个由官府出资兴建，由专人管理、专人负责的，用于每年向朝廷供应茶叶的地方。顾渚山官焙贡茶院位于浙江湖州长兴顾渚山上，每年春天茶芽萌发之时开始采制，适时人群拥挤，万人攒动，可谓盛极一时。

一、顾渚山贡焙院建立原因

唐中期，茶叶作为国饮已经流行于海内外，因此对优质茶叶的需求日渐迫切。唐王朝上层阶级除了自己饮用，还用于馈赠，单靠地方上贡已经难以满足，因此官焙贡茶院应运而生。而对于官焙贡茶院地点的选择应是综合地理位置、茶叶品质及名人推荐等多种因素考量而定的。

陆羽《茶经》对全国知名茶产地做了分类，其中以山南峡州、淮南光州、浙西湖州、剑南彭州、浙东越州所产茶叶品质为上，湖州属于其中之一。之所以在湖州设立官焙贡茶院，应是综合考虑诸多因素的结果。对经过安史之乱的唐王朝来说，在茶叶品质相差不大的情况下，地区稳定应放在第一位，其次是气候适宜，再次是交通便利。

（一）地区稳定与经济发展是重要因素

安史之乱（公元755—763年）发生后，唐代宗初年经济重心进一步南移，南方经济日益发达并超过北方。北方人口的南迁，带来了大量劳动力、生产技术，从而助推了当地经济快速发展。

宋代谈钥《吴兴志》云，"吴兴自昔号僻冷郡"，吴兴即湖州，白居易诗亦有"霅溪殊冷僻"之句。苏轼《墨妙亭记》曰："吴兴自东晋为善地，号为山水清远。其民足于鱼稻蒲莲之利，寡求而不争。宾客非特有事于其地者不至焉。故凡守郡者，率以风流啸咏投壶饮酒为事。"此话其意有二，首先是吴兴物产丰富、粮食充足，但地处偏僻，至者甚少。其次是地方守吏闲暇无事，以饮酒赋诗为乐。综合三位所言，可知湖州地处偏僻，却为善地，物产足够自足，人事风流。

（二）气候因素是重要原因

唐朝时期的气候虽然整体来看属于气候温暖期，但恶劣天气也时有发生，尤其是寒冷、干旱，这对于茶叶的生长至关重要。据《唐书》记载，从神龙元年（公元705年）开始，寒冷区域扩大到中部地区，如河南洛阳、陕西渭南市大荔县。神龙元年三月乙酉，睦州（今杭州建德市）暴寒且冰。除了寒冷，干旱亦时常发生。如贞观"九年秋，剑南、关东州二十四旱。十二年，吴、楚、巴、蜀州二十六旱；冬，不雨，至于明年五月。"

气候适宜才能大面积发展茶园，茶叶的产量、品质也才有保证。面对越来越多变的气候，将贡焙院放在南方温暖湿润地区是必然的选择。而顾渚山东临太湖，水源便利，能够满足茶树生长所需。

（三）名人推荐

《南部新书》记载唐代陆鸿渐《与杨祭酒书》云："顾渚山中紫笋茶两片，一片上太夫人，一片充昆弟同饮，此物恨帝未得尝，实所叹息。"而陈继儒《茶话》中却说是杜鸿渐，姑且两存之。陆羽爱顾渚茶，欲扬名之自在情理之中。杜鸿渐出身官门，其祖父为宰相，其本人在安史之乱中拥立有功位居高官。当时顾渚茶还未上贡，但品质不俗得到当时大臣赏识，用以馈赠。因其推荐在顾渚山建造官焙院亦有可能。

皎然《顾渚行寄裴方舟》诗有"女宫露涩青芽老，尧市人稀紫笋多。紫笋青芽谁得识，日暮采之长太息"之句。意即紫笋青芽很多，但却少人赏识。究其原因，难道此时顾渚紫芽茶还未成为贡茶，故少人买？但这也说明在当时信息不发达的情况下，即使有好的茶叶品质，也很少有人知道并赏识。故顾渚茶成名并被皇宫征用，名人推荐显得尤为重要。

（四）交通方便

隋朝大运河的通行极大地方便了南北物流交通。大运河最南至余杭，湖州与之相近。唐朝驿道纵横，陆路交通也四通八达。据《唐六典》记载唐朝时交通运输情况："凡三十里一驿，天下凡一千六百三十有九所。"其中包括"二百六十所水驿，一千二百九十七所陆驿，八十六所水陆相兼"，可以看出，唐时交通非常发达，三十里就有一处驿站。"每驿皆置驿长一人，量驿之闲要，以定其马数"，每个驿站有专人负责，根据驿道情况配备一定数量的马匹。马匹最多为七十五匹，最少八匹，这是陆驿。水驿则要配备船只，"事繁者每驿四只，闲者三只，更闲者二只"，并且均配有一定数量的人员负责日常管理。

诗人高适作《陈留郡上源新驿记》曰："皇唐之兴，盛于古制。自京师四极，经启十道，道列以亭，亭实以驷。而亭惟三十里，驷有上中下。丰屋美食，供亿是为，人迹所穷，帝命流洽。用之远者，莫若於斯矣。"可见唐朝驿所之兴。京师东、南、西、北每个方向都有官道十条，道边每三十里设一处亭所，配有"驷"和"丰屋美食"以供官驿人员来往。

《唐国史补》记载驿馆内日常所用充足并且完备，有"酒库""茶库""俎库"。"茶库"内"诸茗毕贮"，茶叶种类很多。驿站在茶叶转运过程中也发挥了重要作用，既是休息地也是转运站。

刘禹锡《管城新驿记》记载新驿站结构布置及所备物品非常周到，"蓬庐（古代称旅舍）有甲乙，床帐有冬夏，庭容牙节，庑卧囊橐……主吏有第，役夫有区，师行者有飨亭，挈行者有别邸。"主吏和役夫住在不同地方，床帐有冬夏之别。

交通的便利为茶叶运输创造了有利条件，紧急时能够达到"十日王程路四千"，可见唐朝交通顺畅如此。

另外阳羡茶作为贡茶已成名，与湖州很近，与宜兴均贡亦应是原因。

二、生长环境

《长兴县志》记载顾渚山，"去县治西北四十七里。高一百八十丈"，顾渚山高一百八十丈，可见山并不高。

游士任《登顾渚山记》对顾渚山的全貌做了详细记述，"顾渚山骨现于顶，而胸背多肤，大约以态胜，以毛发奇"，这几句表明顾渚山山顶树木较少，而往下则植被丰富，全山以形态胜，树木秀奇。另山上有吉祥寺，寺侧有四亭，金沙泉水喷涌飞泻。

"曰大官、小官，其一多奇骨，顶上仄出一崖，狞怪生动，如怒如啸，曰虎头岩……侧有明月峡，两石对峙壁峭，茶生其中，香味若兰。石上有蚕头鼠尾碑，颜真卿所镌也。"顾渚山山前有虎头岩，侧有明月峡，产茶香若兰。

顾渚山不高，故其开阔地较多，适合茶园大面积发展。山上植被丰富，松树花草茂密，泉和溪水清澈不竭，地处浙江温暖地区，因此其生态小环境适宜茶树生长。这也是选择在此建立官焙贡茶院的重要原因。

唐代湖州刺史杜牧《题茶山》对顾渚山的生态环境做了较详细描述，"松涧度喧豗"，山中松树多；"等级云峰峻"，山间云气缭绕；"泉嫩黄金涌，牙香紫璧裁"，山上有金沙泉，紫芽茶树；"树荫香作帐，花径落成堆"，绿树成荫，落花满地。总体而言，顾渚山树、花、草较多，空气湿度大，适合茶树生长。

其《茶山下作》诗云："娇云光占岫，健水鸣分溪。燎岩野花远，戛瑟幽鸟啼。"意即春天云聚峰间，野花极多，树中幽鸟啼唱，环境优美。

其《春日茶山病不饮酒，因呈宾客》中有"笙歌登画船，十日清明前。山秀白云腻，溪光红粉鲜。欲开未开花，半阴半晴天"之句，表明清明前10日，顾渚山间白云弥漫，花半开，气候比较温暖。

唐诗人陆龟蒙《奉和袭美茶具十咏·茶笋》对当地茶芽的萌发情态做了细致描绘："所孕和气深，时抽玉苕短。轻烟渐结华，嫩蕊初成管。寻来青霭曙，欲去红云暖。秀色自难逢，倾筐不曾满。"初春时节，芽头初露。天刚亮，云气未收，轻如烟雾。虽采摘一天，但仍不盈筐。从中还可以得知，春茶采摘较早，或为寻求早鲜之故。

综合上述茶诗可以看出，顾渚山生态环境较好，树木、花草、植被丰富，鸟啼阵阵。山中有溪水不断，泉水流淌，云气时常出没其间。未言山高，但言山秀，可知山之特色在于秀美。山不高故茶园易于管理，也易于茶树种植。水云其间故茶树生长不旱，"十日清明前"就开始采茶，可知温暖如此。因此，茶树所需要的生长环境顾渚山均具备，官焙御茶园建于此可以说是正确之举。

三、贡茶

(一) 建立时间

南宋嘉泰《吴兴志》记载，"贞元十七年，刺史李词因院宇隘陋，造寺一所，移武康吉祥额置焉，以东廊三十间为官焙贡茶院，两行置茶碓，又焙百余所工匠千余人。"据此可知，官焙贡茶院真正建立是在唐代贞元十七年（公元

801年）。而顾渚山贡茶始于大历五年即公元770年，当时"于顾渚源建草舍三十余间，自大历五年至贞元十六年于此造茶，急程递送，取清明到京。"

（二）发展过程

《长兴县志》记："唐代宗大历五年，置官焙贡茶院于顾渚山。宋初贡而后罢。元改官焙贡茶院为磨茶院。明洪武八年革罢，每岁止贡芽茶二斤。永乐二年，加赠三十斤，岁贡南京，焚于奉先殿。然官茶地止有一亩八分。"对贡茶情况简短概括，顾渚贡茶从唐至明朝，一直未间断，明朝永乐二年时官茶地只有一亩八分，贡茶主要用于祭祀之用。

宋代葛胜仲《嘲茶山》诗有"今则不然，名毁势去。金沙弗湘，玉食弗御。"意指现在的顾渚茶已不进贡，名势亦大不如从前。清代郑元庆《石柱记笺释》亦记："宋朝重建茗，顾渚寂寥，几三百载。元复修唐贡焙，设湖常等处茶园，提举领之。"

宋代王十朋《章季子教授惠顾渚茶报以宣城笔戏成三绝》诗有"春回顾渚雪芽生"之句，可见南宋时顾渚紫笋还在生产。

清代鲍珍《亚谷丛书》云："今顾渚绝不产茶，惟苧中洞山著名，岁出不下千万斤。"可知，清代时顾渚茶已盛名不再。

顾渚紫笋为何自炒制芽茶出现而停贡？或许因其外形颜色不利。唐宋时期主要制作饼、团、片茶，品饮方式为煮煎，重视滋味和汤色，对外形及香气不甚看重。再加上自唐即是贡茶，声名在外，所以才能经唐宋元而不衰。但随着人们品饮技术的不断提高，对芽茶品质提出了更高要求，外形、色泽、香气、滋味均比较看重；再加上其他茶叶名品不断涌现，顾渚紫笋的声名渐淡。当然也有随着土壤地力的不断衰减，茶叶品质下降的原因。

（三）茶叶品质

《与杨祭酒书》曰："顾渚山中紫笋茶两片，一片上太夫人，一片充昆弟同饮，此物恨帝未得尝，实所叹息。"按照此书内容可知，此时顾渚紫笋茶并未上贡。从另一方面来说，顾渚紫笋茶品质不错，已将其作为馈赠佳物。

斐汶《茶述》云："今宇内为土贡实众，而顾渚、蕲阳、蒙山为上，其次则寿阳、义兴、碧涧、浥湖、衡山，最下有鄱阳、浮梁。"将顾渚紫笋列为土贡之首。

宋代蔡宽夫《诗话》云："湖州紫笋入贡，每岁以清明日贡到，先荐宗庙，后赐近臣，其生顾渚，在湖常之间。以其萌苗紫而似笋，故曰紫笋茶。"意即紫笋刚发芽时芽头呈紫色，形状如竹笋初露，故名紫笋茶。唐朝尚紫、红，三品以上官员才能着紫色，顾渚紫笋恰合此意，故受唐人喜爱。

（四）对茶业的影响

"上若好之，下必甚之。"茶叶的发展与当政者的爱好有很大关系。贡茶的出现与官焙贡茶院的建立无疑为各地茶叶发展起到推波助澜的作用，不但促进各地茶叶的发展，对其他经济的带动也是明显的。因为自唐以来，茶叶开始征税，这是增加地方财政收入的一种方式。

唐初，"南人好饮之，北人初不多饮。"开元之后，因饮茶能致不寐，故僧人坐禅而事，人自仿效，遂成风俗。而茶道之行始自陆羽《茶经》，后常伯熊广大之，茶道得于盛行于文人雅士、王公朝士间。"其茶自江淮而来，舟车相继，所在山积，色类甚多。"说明那时茶叶主要产区在江淮，或与官焙茶院设于湖州有关。湖州设官焙茶院声动天下，为博得皇帝赏识，以邀上宠，周边地方官吏纷纷发展茶园，以期制作名茶进献朝廷，从而带动了周边乃至全国茶叶的快速发展。

（五）文化

唐朝茶书较少，而在唐诗中言及顾渚茶最多，可见其盛极一时。宋代述及少，用笔亦少，可见盛时不再。

清代费南辉《野语》记载了一则故事："俞剑花云，言茶者必推顾渚，其地在长兴界中。吴小匏刺史未通籍时，与数友为碧岩之游，过一山家竹篱茅舍，幽洁特异，主人延客入，瀹茗以进。瓷瓯精好，揭盖视之，碧花浮动，清香袭人，佳茗也。方冀复进，俄而长须奴提一紫砂宜兴壶置几上。客窃笑其遽易粗品。而主人起立，另取小杯手斟，奉客甚殷勤。受饮之，甘回舌本，珍胜头纲。觉陆羽卢仝品题，犹未尽也。异而问之，则曰，顷所进虽佳，不过产于高山，摘自雨前者，兹则真顾渚茶也。生于高崖绝巘，人迹罕到之处。吾每岁春仲，倩人采而藏之，亦不可多得。满座赞叹不已。濒行，小匏乞少许以归，粗枝大叶，绝不作二旗一枪之状，而味佳特甚。"

如其所言，顾渚山有"高崖绝巘，人迹罕到之处"，所产茶"碧花浮动，清香袭人……甘回舌本"。这说明顾渚茶并未绝迹，好茶珍品仍有少量存在。

顾渚茶兴盛起伏与时代变化有关。唐朝顾渚茶作为第一贡茶，其声名无与伦比。从每年采摘时的开园仪式、制作规模，到运送至京，声势可谓浩大。每年监管官吏在茶园要居住一月有余，其间与各地官员来往、娱乐，无拘无束，纵情山色，饮酒赋诗，宴饮无度，更使顾渚山成为世外仙境。随着地方名茶渐起，尤其是蒙顶茶的后来居上，顾渚茶风头稍掩。宋朝随着北苑官焙贡茶院的新建，龙凤团成为新宠，顾渚茶风光不再。明朝时顾渚茶虽有进奉，亦不做品饮之用，只是焚烧祭祀而已。而之后岕茶的兴起为顾渚山茶增色不少。

唐、宋、元三代都以官焙贡茶独占风头，尤以唐朝为甚。首先因为是新鲜事物，饮茶刚开始兴起，且建立官焙贡茶院亦是首次。朝廷及士大夫均以种茶、饮茶为时尚，饮茶赋诗更助其盛名之功。其次是加工方式单一，茶之用处亦尚未广，主要用以消滞及祛睡，紫笋茶此功用尤为明显，其他茶树品种在竞争中未能展现其优势。

总之，顾渚茶占据天时、地利、人和。"天时"为饮茶之风刚开始兴起，唐朝统治者对于好茶极度渴求，不论从数量上还是品质上都需要有充足的好茶供应。因此，顾渚官焙院应运而生，成为全国瞩目之地。

"地利"是说顾渚茶生长之地，环境虽不大但能满足需求，气候条件优越。唐朝尚紫，紫色代表高贵，而顾渚茶芽为紫色，故不同于一般绿茶而得宠。交通亦很发达，有驿道有水路，大运河南到杭州，而杭州距湖州并不远。

"人和"是指湖州之地政治稳定，人口众多，技术发达，是鱼米之乡。士大夫都以能参与官焙茶院管理为荣，官茶制造之时，是士大夫们趋上宠、媚同僚的绝好机会；更重要的是能够"无案牍之劳行"，整日赏景作乐、品茶赋诗，何其快哉！

论曰：第一官焙院，唐代第一茶。顾渚官焙院为第一家官焙院，顾渚紫笋茶备受恩宠，声誉显隆，成为唐朝第一茶。顾渚山及周边，山势低缓，草木秀被，虽无雄丽之美，亦是一方之秀，实则以茶而名。紫笋茶因是朝贡，制作技术自是不同，开饼茶精制之先。茶叶因形色迥于他处，滋味有醒神爽心之特功，朝廷宠爱，官员文人歌咏不断，故能美名不休。

第二节　蒙　顶　茶

古代蒙顶茶产自四川省名山县蒙山。除五顶峰外，其余山中所产茶均不甚好，故蒙顶茶得名于五峰茶，尤以中顶上清峰所产最妙，称为"仙茶"，名噪一时。蒙顶茶备受朝廷君王宠爱，自唐至清为御贡茶，历代文人多有咏诵。蒙顶茶之所以受宠爱，生长环境特殊、品质独特及文化厚重都是重要原因。

一、蒙顶茶发展史

(一) 川茶历史

我国种茶历史和起源地一直未有定论,这主要与相关历史记载不详有关。据现有的资料来看,四川应该算是我国种茶历史最早的省。《华阳国志》所记载表明,至少在西晋时期四川省已有茶叶。陆羽《茶经》所描述的巴山峡川大茶树,也在此茶区。西晋孙楚《歌》中"姜、桂、茶荈出巴蜀"之句,将"巴"置于"蜀"之前应是有据可依的,茶叶发展或许就是先川东后川西。而位于川西的雅州蒙山,无疑是"近水楼台先得月",无论是茶叶生产技术还是茶籽来源都能够优先获得,唐朝时能成为全国名茶主产区,与此有极大关系。

(二) 蒙顶茶始种时间

雅州蒙山五峰种茶始于何时,历来分歧较大,按照文献时间的先后,有三处记载了蒙顶茶的情况。

(1) 五代蜀国毛文锡《茶谱》记:"蜀之雅州有蒙山,山有五顶,顶有茶园,其中顶曰上清峰。昔有僧病冷且久。尝遇一老父,谓曰:'蒙之中顶茶,尝以春分之先后,多构人力,俟雷之发声,并手采摘,三日而止。若获一两,以本处水煎服,即能祛宿疾;二两,当眼前无疾;三两,固以换骨;四两,即为地仙矣。'是僧因之中顶,筑室以候,及期获一两余。服未竟而病瘥。时至城市,人见其容貌,常若年三十余,眉发绿色。其后入青城访道,不知所终。"这段材料透露出的信息有三:蒙山上清峰已有茶树生长;蒙顶茶能够治愈顽疾并能延年益寿;青城山以道教为主,僧人访道当是探讨成仙之道。

(2) 宋代陶毂所著《荈茗录》云:"吴僧梵川,誓愿燃顶供养双林傅大士。自往蒙顶结庵种茶。凡三年,味方全美。得绝佳者圣杨花、吉祥蕊,共不逾五斤,持归供献。"其中"吴"是指五代十国时的吴国(公元902—937年)。双林傅大士是中国维摩禅祖师,与达摩、宝志并称"梁代三大士",卒于公元569年。因此吴僧在蒙顶结庵种茶当是向佛之举,应是佛教盛行、教化深入人心之时。

(3) 明代王象之的《舆地纪胜》云:"西汉时,有僧自岭表来,以茶实植蒙山,忽一日隐池中,乃一石像,今蒙顶茶,擅名师所植也。至今呼其石像为甘露大师。"这明显将蒙顶种茶给神化了。西汉有僧人种茶之说不对,不符合佛教在中国的传播历史事实。东汉时佛教经中亚传入中国,中国第一座佛教寺庙洛阳白马寺,建于东汉明帝时期(公元58—75年)。经过一百余年,佛教到晋代在中国才初盛,而四川佛教的盛行在唐玄宗时期。按《中国佛教史略》

载：中国在汉晋时没有僧尼，直到三国魏齐王时（公元249—254年）才出现第一批和尚。《梓潼神君附鸾碑记》却说"正其为后汉人，名理真"，此说又与前说矛盾。凡此种种，是否可以这样设想，吴理真其人，大概是后人为证明蒙顶茶树历史悠久而杜撰的。

我们知道，四川最初是道教发祥地，远早于佛教近一个世纪。峨眉山和青城山最初亦是道教中心，到了唐玄宗时期全国佛教盛行，峨眉山才成为佛教名山。而青城山南为道教，北为佛教。上述三种描述其实是道教与佛教相争而已。《茶谱》所记为了说明道教胜于佛教，僧人得病靠佛法并不能治愈，而饮用仙茶后立即就好，因此最后僧人选择去青城山访道。《舜茗录》所记，是说吴僧为了表明自己向佛的决心，所以在蒙顶之上苦行三年方有得，也说明了当时佛教盛行，茶已作为清供。而《舆地纪胜》所言无非是证明蒙顶茶历史悠久，得自神力，堪具灵性。这三段资料其实是道教、佛教之争，争夺"仙茶"的先有权，从而证明自身法力的高深。

世代受宠的"仙茶"，或许是源于历代君王追求长生不老的情结所致，或是追求长寿、健康的夙愿。而要成为"仙茶"，必须有名人不断吹捧，与顾渚贡茶无法争锋时，只能另辟蹊径。神化之，少而精，功能入神，三者结合，确立"仙茶"后才声名渐起。这也许就是顾渚紫笋茶起初位列唐代名茶首位，之后蒙顶茶超过顾渚茶的主要原因。蒙顶山的气候地形特点为打造"仙茶"提供了条件与可能，五峰似莲花，常年云雾缭绕，人烟稀少，有仙境之貌。托言汉道人种茶亦是为了说明仙茶之古。

具体的栽种时间，笔者认为在茶业经济迅速发展的唐中期最有可能。之前蒙顶山何时有茶树无从可考，只有在唐朝确立贡茶制度，尤其是在顾渚山设立官焙之后，全国兴起出好茶、种名茶的热潮。各地官吏一是为了邀宠，二是为了发展当地经济、增加税收，于是精心培植当地茶叶名品就成为必然选择。而四川种茶历史悠久，唐朝之前就是全国茶叶主产区，但是品质较差，缺少精品。而蒙顶山气候环境特殊，有独特优势，也有种茶历史，最适宜形成优异的茶叶品质。陆羽《茶经》未言及蒙顶茶，可能当时蒙顶山还没有种植茶树。斐汶写于元和六年至八年（公元811—813年）的《茶述》中首次提到蒙山贡茶，因此《茶经》之后，到《茶述》写作之前应是蒙顶茶种植时间，确切应在顾渚贡茶之后，即公元770—811年。

（三）贡茶发展

《通典》只记载各郡常赋，其中只有安康郡贡茶芽一斤，夷陵郡（今湖北宜昌）贡茶二百五十斤，灵溪郡（今湖南龙山县）贡茶芽一百斤。四川虽然种茶历史悠久，也未见记录上贡，可见当时茶叶品质并非优异。

成书于公元764年的陆羽《茶经》中也没有提到蒙顶茶，只说"雅州为下"，当时名山县属于雅州管辖，这说明当时蒙顶茶并未出现或成名。

写于元和六年至八年的斐汶《茶述》云："今宇内为土贡实众，而顾渚（浙江湖州）、蕲阳（湖北宜春）、蒙山（名山县）为上。"《元丰郡县志》记载："蒙山在县南十里，今每岁贡茶，为蜀之最。"当时蒙山茶已作为贡品，并且排在前三位，可见其发展迅猛，茶叶品质优异。

《唐国史补》中说到"风俗贵茶，茶之名品益重。剑南有蒙顶石花，或小方，或散芽，号为第一。湖州有顾渚之紫笋。"将蒙顶石花排在贡茶顾渚紫笋之前，说明那时蒙顶茶作为贡茶，其知名度已超过官焙顾渚紫笋茶。

唐代杨晔《膳夫经手录》云："始，蜀茶得名蒙顶也，于元和以前束帛不能易一斤先春蒙顶。是以蒙顶前后之人，竞栽茶以规厚利。不数十年间，遂斯安草市，岁出千万斤。虽非蒙顶，亦希颜之徒。今真蒙顶有鹰嘴牙白，供堂亦未尝得其上者，其难得也如此。"意思是蜀茶因为有了蒙顶茶之后才成名。在公元806年以前，蒙顶茶产量很少，价格昂贵，因此带动了蒙山周围茶叶的大发展。而公元856年时真正的蒙顶鹰嘴牙白茶仍非常难得，朝廷供品中也不能得到最好的。

从上述材料可以看出，蒙山贡茶后来居上，从公元770至811年，经过40多年的发展，成为贡茶中的翘楚。拥有优异的品质当是其主要原因，而这应归功于蒙山独特的气候特点和环境优势。

而蒙顶"仙茶"没有提及，到了明代在胡寿昌的《三登蒙山采茶序》及清代赵懿的《蒙顶茶说》中才详细描述了"仙茶"的制作过程。胡寿昌将吴僧献茶作为蒙顶"仙茶"贡茶的开始，至清代，蒙顶仙茶都一直作为贡茶，直到民国时候停贡。从各朝代历史资料来看，蒙顶茶作为贡茶一直深受当政者喜爱，经历唐、宋、元、明、清五代，可谓兴盛之极，在所有古代名茶中绝无仅有。而蒙顶"仙茶"的资料在清代才逐渐丰富真实起来。

二、成名原因

（一）生长环境

蒙顶山亦称蒙山，是名山县的镇山，在名山县西北十五里。关于蒙山的文字介绍在现存历史资料中较少，有的也只是零星出现，我们只能大体了解一下。

最早《九州志》介绍："蒙山者，沐也，言雨露蒙沐，因以为名。"短短几句话，道出了蒙山的气候特点为多雨露沐浴，降水丰富，空气湿度大。

对蒙山的描述，唐朝未见述及，自宋代开始渐多，从分散的文字中依稀可以看出蒙山的变化，而蒙山的变化与气候的变化有很大关系。蒙山在各朝代气候变化不一。唐朝至北宋期间，四川气候中冻害、旱灾较少，温度适宜、雨水丰富，所以植被较多。宋代孙渐的《智矩寺留题》应该是其任梓州（今属四川）知州时游览蒙山所写。诗中写道："寺藏翠霭深，门映苍松古。明暗双泯时，榜名际智矩。入憩望远亭，好风声清暑。素曳瓦屋烟，虹挂峨嵋雨。"寺前苍松掩映，智矩寺明暗不定。在望远亭上休息远望，清风阵阵，暑热顿消，远处瓦屋山、峨眉山被云雾笼罩。智矩寺与天盖寺都是蒙山古寺，智矩寺后期被作为官焙贡茶院，在蒙顶五峰山下。而"继登凌云阁，倚栏眺茶圃"意指继续登上凌云阁，就可以看到茶园。

五峰中以上清峰为最高。而上清峰"与蔡山对峙，孤峰独秀，陡壁千寻，昂藏天际。"站在山顶之上，能够看到峨眉诸山。明代叶桂章《蒙顶》诗有"数朵芙蓉插半天，一双龙象拥青莲"，将五峰比作芙蓉。清代张启秀将五峰比为"石笋"，并说"石笋与天齐，蒙蒙宿雾龛"，言山高雾重。

蒙顶上清峰之上为天盖寺。关于天盖寺，《四川通志》云："汉，甘露结庐于此。宋淳熙时重建。明、清代有培修，民国初年，增建层楼，高出林表。遥瞻俯眺，万象森罗。寺后为仙茶园，为甘露井。"也就是说，天盖寺最早是在宋淳熙时建造的，并且寺后为仙茶园和甘露井。明代叶桂章《甘露寺》言道："一掬灵湫天上来，数茎仙掌削蓬莱。行云行雨飞金相，踞虎蟠龙绕鹫台"，将甘露寺比作蓬莱仙境。

自南宋开始，全国气候逐渐变冷，旱情也逐渐加重，明代更是如此，但不同年份的气候有所不同。明前期洪武三年即公元 1370 年，胡寿昌任彭州知州时曾三次登上蒙山，以备贡茶之事，在《三登蒙山采茶序》中描述了自己的亲身经历。山下晴朗，等到了山顶雨会突然而至，并很快就会再次晴朗，真是来去匆匆。山上有"百道红泉"顺势而下，并发出珠玉的声音，很是悦耳。山上"松萝交映，竹柏青苍"，一片翠绿春光。

到了明后期，大约在 16 世纪中叶，李应元《登蒙山》诗曰："振衣百仞冈头路，蒙顶苍苍倚大罗。欲向天边看五岳，先从云际揖三峨。上清风冷余霜雪，甘露泉空只薜萝。莫谓天台迷旧处，青鞋绿杖拟重过。"对蒙山做了大致勾勒，虽然不知道季节，但上清峰还有"霜雪"覆盖，甘露井已干枯。据明史记载，全国旱情时有发生，1544—1546 年连旱三年，因此上清峰作为蒙山最高峰，甘露井缺水干枯成为必然。

到了清朝，灾害气候变得更为频繁，蒙山上下差异更为明显。《名山县志》谓："仰则天风高畅，万象萧瑟，俯则羌水环流，众山罗绕，茶畦杉径，异石奇花，足称名胜。"山上萧瑟，山下灿烂一片。而据清嘉庆二十一年《四川通志》的记载，仙茶"至今不长不灭，共八小株。其七株高仅四、五寸，其一株高尺二、三寸，每岁采茶二十余片"。到了清光绪十八年《名山县志》则记载："中为禁篽，护贡茶七株。"仙茶树由八株减为七株，难道是其中有一株死掉了？如果真是这样，也符合气候变坏的结果。

不难看出，蒙山临青衣江而立，常年云雾笼罩，雨量丰富，空气湿度较大。山上植被覆盖，松萝竹柏交映之下，古寺深藏其中，更显历史文化厚重。五峰形如莲花插入半天，增加了神秘气息。由于蒙顶山山势奇高，山上、山下气温相差较大，山下温暖如春，山上却霜雪覆盖，因此气候特点是雨量丰富，空气湿度大；植被耐寒，以松萝竹柏为主；山顶山下温差较大。但各朝代气候变化不一，这也直接影响了茶叶生产。

（二）茶品质

对蒙顶茶的历史记载也较分散。《九州志》："蒙山者，沐也，言雨露蒙沐，因以为名。山顶受全阳气，其茶芳香。"因山顶日光照射早，所以阳气全面，茶叶芳香。

北宋范镇《东齐纪事》："蜀之产茶凡八处……然蒙顶为最佳也。其生最晚，常在春夏之交，其芽长二寸许，其色白，味甘美，而其性温暖，非他茶可比。"蒙顶茶萌发最晚，农历三月底四月初，芽头有二寸，说明茶树为大叶种，滋味甘美。

北宋晁说之《晁氏客语》："雅州蒙山常阴雨，谓之漏天。产茶极佳，味如建品。纯夫有诗云：漏天常泄雨，蒙顶半藏云。"是说茶叶滋味和建品相似，这也证实了蒙顶山茶树品种来自建溪。

明代胡寿昌《三登蒙山采茶序》："余则分致同官，每盒不过五片，宝如奇珍，收藏数载，苍翠如故。""宜其生于磐石，色味迥殊，《大观茶论》所称冲澹间洁，韵高致静之品，信乎其不诬也。"称赞蒙顶仙茶气韵高洁，色味特殊，非凡品所比。

清代沈廉《退笔录》："余皆取半山所植，名陪茶……茶色白而清芬，沁于齿颊，迥异常茗。"半山所植，已不是蒙山五顶茶；但茶色白，香气清芬，齿颊留香，与平常茶叶大不相同。

清代李调元《井蛙杂记》："名山县蒙山上清峰甘露井侧产茶，叶厚而圆，色紫赤，味略苦。春末夏初始发，苔藓庇之，阴云覆焉。"所记上清峰甘露井侧茶树叶紫赤，味略苦。

清代赵懿《蒙顶茶说》："名山之茶美于蒙，蒙顶又美之，上清峰茶园七株又美之，世传甘露慧禅师手所植也。二千年不枯不长。其茶叶细而长，味甘而清，色黄而碧，酌杯中，香云蒙覆其上，凝结不散，以其异谓曰仙茶。"此描述比较详细，上清峰茶叶外形细长，滋味甘而香气清，汤色黄绿。

清代王闿运《蒙顶上清茶歌》："石花绿叶今始见，开缄已觉炎风凉。"可见仙茶确有神奇之处。

概括来说，名山茶以蒙山为佳，蒙山又以蒙顶五峰所产茶为好，而中峰上清峰茶最妙。仙茶与其他四顶峰茶树品种虽不一样，但都香气清正，滋味甘，说明蒙顶五峰昼夜温差大，内含糖类物质较多，所以滋味甘；茶树芳香油含量多且种类较少，从而香气清正。除此之外，如上文所讲，蒙顶茶更大作用是能疗愈顽疾，可称神药。

（三）品牌塑造

1. 少而精

蒙顶山最高峰海拔将近1 500米，山顶山下昼夜温差较大。而茶树为喜温植物，温度太低就会影响茶树生长，因此，越往山顶，茶树生长越困难。因此，蒙顶五峰茶园面积及产量均不大，仙茶也仅几株而已。

唐代杨晔《膳夫经手录》记："始，蜀茶得名蒙顶也，于元和（公元806—820年）以前束帛不能易一斤先春蒙顶。"从这话可以得出，蒙顶山种茶极少，尚未大力开发种植茶树。

蒙顶仙茶因为生长地太少，茶叶产量一直较低。茶叶加工用叶片计量。清嘉庆《四川通志》记载："最高者曰上清峰。其巅一石大如数间屋，有茶七株，生石上，无缝罅。"

据《四川通志》记："至顶上略开一坪，直一丈二尺，横二丈余，即种仙茶之处。"面积很小，只有十平方米左右。茶树生于岩石之上，"土仅深寸许，故茶不甚长"。由于气候寒冷，土壤浅茶树生长缓慢，长势较差。所以"至今不长不灭，共八小株。其七株高仅四、五寸，其一株高尺二、三寸，每岁采茶二十余片。至春末夏初始发芽，五月方成叶，摘采后，其树即似枯枝，常用栅栏封锁。"

在仙茶上供数量上，各朝代亦不相同。据明胡寿昌《三登蒙山采茶序》记载当时为六百片，而明代王士禛《陇蜀馀闻》记载只有一钱多。这可能与气候变寒冷有关。清代赵懿《蒙顶茶说》却说"每岁采贡三百三十五片"。

仙茶作为贡茶自唐至清从未间断，各朝君王都非常重视，委派专职官员督造。宋之前仙茶制造之法不详。明朝制法可从当时名山知县胡寿昌《三登蒙山采茶序》中知晓，胡知县曾三登蒙山督造贡茶，文中记载："每岁采仙茶七株为正贡，分贮银瓶。以菱角湾所产为帮贡。……其造茶之法，正贡隔纸微烘，不令见火。拣精洁者六百片入贡。"而菱角湾陪茶则"焙颗"，是颗粒状。采茶时间为每年农历四月，采摘之前应"肃拜"。

清朝贡茶制法更是隆重精细。据赵懿《蒙顶茶说》所记，"岁以四月之吉祷采，命僧会司领摘茶僧十二人入园，官亲督而摘之。"贡茶叶数少于明朝，为三百三十五片，用来"天子郊天及祀太庙用"。武菱角峰下菱角湾茶为陪茶，制造之法比明朝更加精细。仙茶与陪茶都各用两银瓶贮藏，但仙茶瓶为长方形，"瓶制方高四寸二分，宽四寸"；而陪茶瓶"圆如花瓶式"，另外颗子茶十八银瓶。皆盛以木箱黄，丹印封之。

2. 茶树品种及加工技术

古人早已认识到，茶叶品质好坏与茶树品种及茶叶加工技术密切相关。蒙顶茶树品种也是经过不断引进改良而成的。

宋代文同《谢人寄蒙顶茶》中有"苍条寻暗粒，紫萼落轻鳞"，此茶树为紫芽茶。据清代李调元《井蛙杂记》："名山县蒙山上清峰甘露井侧产茶，叶厚而圆，色紫赤，味略苦，春末夏初，如发苔藓庇之，阴云覆焉。"所记上清峰甘露井侧茶树叶紫赤，味略苦，为紫芽茶，茶树抗寒。

蒙顶茶树为紫芽茶，其来源有两种可能：一是顾渚山所种茶树种子来自四川，和蒙顶山所种是同一品种。二是顾渚紫笋在唐朝即为官焙贡茶，受皇帝青睐，蒙顶茶人为提高品质，从顾渚引种。因为蒙山茶在唐中期茶叶品质并不好，《茶经》云"雅州下"，也说明蒙顶茶作为贡茶要晚于顾渚茶。

据1987年，在四川省万源云石窝乡古社坪石壁上发现的，我国最早的植茶石刻即摩崖石刻《紫芸坪植茗灵园记》，石刻记载了北宋元符二年（公元1099年），本市草坝乡石窝社坪邑人王雅与其子王敏，从建溪带来茶树植于宅旁，茶树生长繁茂的历史。为彰前人，传后世，王雅之子王敏特撰《紫芸坪植茗灵园记》一文，详文如下：

窃以丰登胜概，垭洼号古社之坪，从始而荒，昔日大黄舍宅，时在元符二载，月应夹钟，当万卉萌芽之盛，阳和煦气已临，前代府君王雅与令男王敏得建溪绿茗，于此种植。可复一纪，仍喜灵根转增郁茂。敏思前代如斯活计，示后世之季于，元孙，彰万代之昌荣，覆茗物而繁盛。至于大观中，求文于蓬莱，释刻石以为记。可传体而观瞻，历古今而不坏。后之览者，亦有将有感于斯文也。

筑成小圃疑蒙顶，分得灵根自建溪。昨夜风雷先早发，绿芽和露濯春畦。

王敏记
大观三年十月念三日

王氏父子在元符二年春天从建溪带来茶树植于宅旁，"筑成小圃疑蒙顶"，茶园设计类似蒙顶，这说明当时人们已经重视通过茶树品种的引进以来改善茶叶品质。因建溪北苑在宋时是官焙贡茶地，从那引种正是为了借此提高蒙顶茶的知名度。但由于气候差异、品种适应原因，建溪所引种茶树并不能适应蒙顶山气候，在清朝相关记载中也说明了这个问题。

清代赵懿《蒙顶茶说》："名山之茶美于蒙，蒙顶又美之上清峰，茶园七株又美之，世传甘露慧禅师手所植也。二千年不枯不长。其茶叶细而长，味甘而清，色黄而碧，酌杯中，香云蒙覆其上，凝结不散，以其异谓曰仙茶。"描述比较详细，上清峰茶叶外形细长，滋味甘而香气清，汤色黄绿，为绿芽茶。两千年"不枯不长"，说明抗寒性较强。

由以上记载可以看出，蒙顶山茶树品种并不单一，宋时蒙顶茶树品种已有紫芽和绿芽两种。蒙顶茶园的茶树品种不断变化，相应滋味、香气也改变了。但绿芽茶大概引自建溪。宋孙渐《智矩寺留题》中明确有"昔有汉道人，剃草初为祖。分来建溪芽，寸寸培新土。"只不过从建溪引种，并不是汉道人所为，而是另有其人。

在茶叶加工技术上，宋朝时任雅州知州的雷太简积极参与蒙顶茶加工工艺的改造。梅尧臣《得雷太简自制蒙顶茶》诗中谈到当时蜀茶滋味较差，但名声很大，有名不副实之意。而"因雷与改造，带露摘芽颖。自煮至揉焙，入碾只俄顷。汤嫩乳花浮，香新舌甘永"。经过工艺改造，新茶香气与以前不同，滋味甘甜隽永。

对蒙顶茶身体力行改进加工工艺、参与制作的另一个诗人是陆游，他在《秋晚杂兴》中说"置酒何由办咄嗟，清言深愧淡生涯。聊将横浦红丝磑，自作蒙山紫笋茶。"其实他是因为没钱买酒，所以自制蒙山茶以打发时日。

3. "具有灵性"，能够祛病延寿

道教是我国土生土长的传统宗教，其教主太上老君与唐朝皇室同姓，因此，自唐高宗李渊开始就积极扶持道教，将道教列为道、儒、佛三教之首，泰山封禅时将道教奉为国教。开元末期，道教发展到鼎盛时期。之后，宪宗李纯、武宗李炎都十分崇信道教。

唐代武则天开始大兴佛教，恩遇甚隆。唐玄宗之后各代皇帝更是推崇备至，佛教被定为国教。除了唐武宗时期废除佛教，佛教一直被宣扬崇尚。四川蒙顶山五峰形似莲花，莲花是道教象征之一，莲花在道教中象征着修行者，于五浊恶世而不染，历练成就。而莲同样是佛的象征，偈语"花开见佛悟无生"中的花即指莲花，花开即指修者达到一定智慧境界，有了莲的心境，就会显现佛性。在《四十二章经》中对莲花的象征意义描述得最为明显："我为沙门，处于浊世，当如莲华，不为泥污。"因此，蒙山的五顶峰酷似莲花，就与道、佛有了神秘的联系，而产于此处的茶树就更增添了灵性与神秘力量，这对于想长生不老的当政者无疑具有极大的诱惑。上清峰经年云雾笼罩，更似仙境。上清是道教三清之一，将中峰誉为上清峰，这样看来，蒙顶山被看做是道教修行成仙的圣地最有可能。而仙茶生长地"直一丈二尺，横二丈余"更像道教法坛或佛教莲花台。这一切无不昭示这就是修行之地，成仙之处。

茶树最早有八株，到了清光绪时变成七株。据笔者猜测，"七株"正好与"北斗七星"相吻合，道教称"北斗七星"为七元解厄星君，佛教称之为七佛。这一切并不是巧合，而是古人有意所致。其目的就是表明上清峰是修行成仙之处，更是为了突出"仙茶"的灵性。"仙茶"更多承载的是人们希求长生不老的梦想罢了。

既然是仙茶，自然功能非凡。据毛文锡《茶谱》记载，上清峰茶不但能治愈顽疾，而且能够延年益寿，因此上清峰茶树被称为"神仙树"，所产茶称为"仙茶"，屡受当政者喜欢也就自然而然了。四川蒙顶茶的打造正是抓住了全民尊道信佛，当政者希望江山永驻、自身长生不老的时机，将蒙顶茶打造成颇有灵性的神秘之物。蒙顶茶之所以能够受历代皇帝宠爱，其根本原因就在此。

4. 文化厚重

任何一种事物要想长久不衰，都离不开文化载体。而文化是在事物发展到一定阶段才出现的。因此文化的繁荣在一定程度上也反映了事物的兴衰程度，茶叶亦是如此。茶叶从被人们认知到接受，再到喜爱，也经历了漫长的过程。

从最初的食用、药用到饮用，从药笼之物到生活必备品，反映的既是经济的发展，也是人民生活水平的提高和生活观念的改变。茶叶作为古代文人潜思悟道的知己好友，有激励，更多是帮助他们发现生活的真谛、挖掘生活的内涵。在历史的长河中他们留下来大量的诗篇是留给后代的精神财富，我们从中可以发现古人的生活点滴和人生情怀。而通过他们对茶叶的谱写，我们才对茶叶的发展历史有了大致的了解。

四川作为我国茶叶种植最早的地区之一，与茶相关的文化随之而生，并传承至今。现今发现最早的涉及茶叶的诗歌有西晋孙楚的《出歌》。《出歌》中有"姜、桂、荼荈出巴蜀"之句，提到了茱萸、鲤鱼、白盐、美豉、姜桂、荼荈等名产。因"茶"字是在唐中期之后才有，是"荼"减掉"一"而形成的，因此本书所引文献中，唐代之前仍沿用"荼"字。而"荼"在古代有"苦菜""茅"之意。根据上文可知，"荼荈"应代表一物。东晋杜育的《荈赋》歌颂的就是茶叶，全文中并无"荼"字，只有"厥生荈草，弥谷被岗"，看来"荈"就是茶叶。而郭璞《尔雅注》云："树小似栀子，冬生，叶可煮羹饮，今呼早采为荼，晚采为茗，或一曰荈，蜀人名之苦荼。"将"荼""茗""荈"看做一物，并有所区分。不管怎样，在西晋时期，茶叶已经成为名产而为世人称道。这首诗记载在陆羽著的《茶经》当中，从而说明了巴蜀地区种茶历史悠久。

历代诗人对蒙顶茶也是爱之甚笃，见之于笔端帛书甚多。唐代孟郊、白居易、韦处厚先后写诗提到蒙山茶。白居易、韦处厚曾在四川任职，分别为忠州刺史、开州刺史。孟郊因未到四川任职，所以去信与好友乞要，可见其爱蒙山茶之深。唐朝是茶文化的初成时期，好友之间相互馈赠、书信索取茶叶亦成风俗。

唐代孟郊《凭周况先辈于朝贤乞茶诗》中有"蒙茗玉花尽，越瓯荷叶空。"家中蒙山茶已喝完。"幸为乞寄来，救此病劣躬。"因为离不开茶，所以"乞要"。

韦处厚也是如此，在元和中后期任开州刺史期间写过一首《茶岭》诗。诗虽短小，信息很丰富，曰："顾渚吴商绝，蒙山蜀信稀。千丛因此始，含露紫英肥。"这就告诉我们，当时茶叶买卖很兴旺，顾渚茶销到四川开州一带。诗人也曾因蒙山茶而与人书信来往。自从开州有茶且"千丛"后，茶叶长势肥壮，并且是紫笋类茶，每年能产出一些，可以满足当地需要。这也说明开州种茶要晚于雅州蒙山，因开州地在川北。而令人困惑的是，时任四川忠州刺史的白居易在当时并未谈及蒙山茶，而是谈到"昌明茶"，以醉后"渴尝一杯绿昌明"为乐。其辞官后在《琴茶》中却说"琴里知闻唯渌水，茶中故旧是蒙山。"

看来与蒙山相交甚深。从唐朝这几位诗人的记述大体可以判断，唐后期蒙山茶已声名在外，诗人以喝到蒙山茶为乐。

关于蒙顶茶的诗，宋代最多，说明在宋代之前蒙顶茶叶已发展到一定规模。文人之所以爱好茶叶，一是可以打发时日，作为消闲方式之一；二是品茗悟道，从中感悟人生妙理；三是解渴驱困。其实解渴是首要的，在解渴之余，可与朋友谈心，吟诗作赋；可独自思索人生，借以享受悠闲之乐。文同"十分调雪粉，一啜咽云津。沃睡迷无鬼，轻吟健有神"道出茶叶妙用。

随着蒙顶茶知名度不断上升，去蒙山游玩者增多。到了明朝，关于蒙山的诗多起来。叶桂章《蒙顶》诗有"数朵芙蓉插半天，一双龙象拥青莲"，将五峰比喻为芙蓉。李应元《登蒙山》对当时蒙山情况作了大致勾画："上清风冷余霜雪，甘露泉空只薜萝。"不知登山是何时，但上清峰仍残留霜雪，甘露井已干涸说明了降水减少。而作为影响茶树生长最关键的因素，温度与水分的逐渐不足，茶树生长将经受考验。茶树减少，茶叶产量降低将会是必然结果。

清代闵钧《贡茶》诗中有"葵倾芹献亦真诚，蒙顶仙茶得气深。飞辔上呈三百叶，清芳仰见圣人心"之句，证实了蒙顶仙茶仍作为贡茶，为诗人所称道。

论曰：蜀茶数蒙顶，秀出五峰中。蒙顶茶以上清仙茶而名，其山势雄伟玄密，云雾缭绕，堪似仙府。仙茶因产地神秘，制工细致，贡以叶计而不与俗茶同。山峰如莲，古木参伴，茶在莲心故有清香之韵，山高超众故韵不同凡品，唐朝第二茶盖不谬也。

第三节　阳羡茶

阳羡，县名，古称荆溪、荆邑，秦朝始设立。后多经变迁，隋朝时期，阳羡县改为义兴县，属常州，因唐时贡茶而出名。

一、生长环境

唐代散文家、诗人李华，其《送薄九自牧往义兴序》中有"阳羡山深水阔，海隅幽阻，而人罕知之"，盖言山之连绵深长，水之浩渺广阔。而"阳羡之清漪秀石"乃言山上石秀，水之清澈平静。我们知道阳羡山所临湖为太湖，阳羡之特色在于山清水秀。"而人罕知之"意指阳羡还未知名。故阳羡茶之上贡应在此之后。

唐代李郢《阳羡春歌》对阳羡春天寒食节产地景色做了简单描绘，"石亭梅花洛如栎，玉鲜斓班竹姑赤"，梅花已凋落，竹姑冒出赤头。"两市儿郎棹船戏，溪头铙鼓狂杀侬"，溪中很是热闹，正在进行船赛。

阳羡产茶地比较著名的有南岳山、离墨山、铜官山、唐贡山及茗岭。其中离墨山"在县西南五十里，九岭相连，高一百二十五仞，临蒲墅荡东。相传仙人钟离墨得道于此，故名。山顶产佳茗，芳香冠他种。"山虽不高，但九岭相连，产茶胜于他处。

茗岭在阳羡诸山中最为峻峭。《宜兴荆溪县新志》记：茗岭"产佳茗，俗称闽岭……又有泉，出于庙后，澄渟石上，可就饮而不可汲取。其泉旁产茶，名庙后茶。按阳羡之山，茗岭最为亭峻。"

《宜兴县旧志》记载了南岳山、离墨山的大体情况："南岳山，在县西南一十五里，即君山之北麓。孙皓既封国，遂禅此山为南岳，其地即古阳羡产茶处。离墨山，在县西南五十里，九岭相连，高一百二十五仞，临蒲墅荡东。相传仙人钟离墨得道于此，故名。山顶产佳茗，芳香冠他种。"此处亦有南岳山，因吴国孙皓而立，与离墨山产茶极佳。

清代赵熊诏《阳羡采茶歌》对采茶、制茶的整个过程做了详细叙述，诗中介绍了采茶时间为"三月布谷"鸣之时，"惊雷嫩英才抽绿……拣得冰芽逐笑颜"，说明乍暖还寒。茶路两边"飞青叠翠迷如雾。任教裁璧与抽金，暗香锋向蹊间度"，说明都是茶树。而以"纱帽棋盘并紫英，别有灵芽称庙后"为产茶名处，即纱帽、棋盘顶、紫英和庙后。茶焙处"竹炉松火声如雷，研膏架动蒸且馥。"应是加工成研膏茶，但清时是否还做饼茶，或用其代指加工茶，并未确指。贩卖茶叶的茶市也很热闹，涨沙罗岕茶品质为好，价格"直与黄金比"，价格不菲。

二、茶

阳羡茶以贡茶闻名，早于顾渚紫笋茶。《檀几丛书》记："唐李栖筠守常州日，山僧献阳羡茶。陆羽品为芬芳冠世，产可供上方。遂置茶舍于洞灵观，岁造万两入贡。"将阳羡茶入贡归功于李栖筠和陆羽两人。

（一）贡茶

按明代万邦宁《茗史》："御史大夫李栖筠，字贞一。按义兴山僧有献佳茗者，会客尝之，芳香甘辣，冠于他境，以为可荐于上。始进茶万两。"此为宜兴贡茶之始。

唐代李肇《唐国史补》云："蒙顶第一，顾渚第二，宜兴第十。旧篇云，顾渚与宜兴接境，唐代宗朝，以宜兴岁造数多，命长兴均贡。"阳羡贡茶在先，比顾渚茶、蒙顶茶都要早。

唐代卢仝《走笔谢孟谏议寄新茶》中有"天子须尝阳羡茶，百草不敢先开花"，说明春茶发芽很早，百草开花之前就已经被唐王朝统治者品饮。顾渚紫笋茶作为唐朝时期官焙加工品，宠幸一时，其实其所用部分原料应该是宜兴阳羡所产。

顾渚贡茶之后，世人很少言及阳羡茶，其实阳羡贡茶一直存在，并和顾渚贡茶争先上贡朝廷，以博君王一笑。

宋代张舜民《画墁录》记："有唐茶品，以阳羡为上供，建溪北苑未著也。"不言顾渚只说阳羡，盖二者一也。

宋代沈括《梦溪笔谈》云："古人论茶，唯言阳羡、顾渚、天柱、蒙顶之类，都未言建溪。"将阳羡至于诸茶之首，应是指贡茶成名最早。

清代吴仁臣《十国春秋》记："保大四年（946年）春，命建州制的乳茶，号曰京铤腊茶之贡……始罢贡阳羡茶。"宋之后，阳羡茶不再入贡。

（二）洞山茶

明代许次纾《茶疏》谈及洞山茶："江南之茶，唐人首称阳羡……近日所尚者，为长兴之罗岕，疑即古人顾渚此笋也。介于山中谓之岕，罗氏隐焉故名罗。然岕故有数处，今惟洞山最佳。"也就是说，阳羡茶又出新品为洞山茶，品质最好。

对于洞山茶，明代周高起撰写了一部《洞山岕茶系》作了专门介绍。书中记："卢仝隐居洞山，种于阴岭"，洞山种茶始自卢仝，是否如此不得而知。但洞山茶不断发展，且声名日盛确是事实。书中将洞山岕茶分为四品。

第一品在老庙后，"地不二三亩……茶皆古本，每年产不廿斤"，产量很少。干茶"色淡黄不绿，叶筋淡白而厚，制成梗绝少"。泡开后，汤色"柔白如玉露，味甘，芳香藏味中。"而饮后别有一番妙不可言之体验，"空蒙深永，啜之愈出，致在有无之外。"此为仁者见仁之意，但说明饮茶确能带给人一种美好的体验。

第二品产地为"新庙后、棋盘顶、纱帽顶、手巾条、姚八房，及吴江周氏地"，也是洞顶岕茶，产量也不多。"香幽色白，味冷隽，与老庙不甚别，啜之差觉其薄耳。"滋味稍逊于第一品。"清如孤竹，和如柳下，并入圣矣。"自有一种清和之感，让人去凡如圣，忘掉尘世所求，求得片刻清静。

第三品产地为庙后涨沙、大衮头、姚洞、罗洞、王洞、范洞、白石。

第四品产地为下涨沙、梧桐洞、余洞．石场、丫头岕、留青岕、黄龙、炭灶、龙池。

至于洞山茶品质如何，《岕茶汇钞》记："洞山茶之下者，香清叶嫩，着水香消。棋盘顶、纱帽顶、雄鹅头、茗岭，皆产茶地。诸地有老柯、嫩柯，惟老庙后无二，梗叶丛密，香不外散，称为上品也。"洞山茶以老庙后所产品质最佳，香气悠长。

（三）茶品质

明代张谦德《茶经》云："品第之，则虎丘最上，阳羡真岕、蒙顶石花次之，又次之，则姑胥天池、顾渚紫笋、碧涧明月之类是也。"阳羡茶排名第二，仅次于虎丘茶，比蒙顶石花、顾渚紫笋还要好。明朝已兴起制作芽茶，阳羡在唐时制作饼茶上贡，芽茶又是不凡，说明其茶叶品质确实很好。

清代陈贞慧《秋园杂佩》对阳羡茶中的洞山岕做过品评："色香味三淡，初得口，泊如耳；有间，甘入喉；有间，静入心脾；有间，清入骨。嗟乎，淡者，道也。虽吾邑士大夫家，知此者可屈指焉。"陈贞慧可谓深得品茶之道，说其"色、香、味三淡"，刚入口，淡淡；过一会，甜入喉；然后心脾舒服，然后肌骨清爽。他认为好茶应该淡中回味，可谓深得其道。

陈淏子《花镜》云："今就最著名者而衡之，松萝、伏龙、天池、阳羡等类，色翠而香远。"可见松萝、伏龙、天池、阳羡等类，色翠而香远。

刘献廷《广阳杂记》曰，"武夷茶佳甚，天下茶品，当以阳羡老庙后为第一。武夷次之，他不入格矣。"他认为天下茶品以阳羡老庙后为第一，武夷次之。

袁枚《随园食单》中云："阳羡茶深碧色，形如雀舌，又如巨米，味较龙井略浓。"阳羡茶颜色深绿，紧结卷曲，滋味浓。

阳羡茶以洞山岕茶为最，亦是明代之后事。阳羡茶外形深碧色，香气浓长。而洞山岕则色、香、味三淡，饮后回甘，韵味无穷。

三、泉

《宜兴县、荆溪县新志》记："夫阳羡固多产茶，泉之佳者何限？以今所闻，於潜之泉在湖㳇税务场后，穴广二尺所，厥状如井，源伏而味甘。唐时，贡茶泉亦上供，顾地近器尘，不足以当美景名矣。"阳羡泉水上贡只在此文中出现，未知是否真实。

四、文化

茶诗中以卢仝《走笔谢孟谏议寄新茶》最为著名。诗中七碗之论豪放不羁，有歌之韵，"一碗喉吻润，两碗破孤闷。三碗搜枯肠，唯有文字五千卷。四碗发轻汗，平生不平事，尽向毛孔散。五碗肌骨清，六碗通仙灵。七碗吃不得也，唯觉两腋习习清风生。"对饮茶之心理、官感描写得细微真切，将茶叶的功能用形象化的语言予以展露。

清代赵熊诏《阳羡采茶歌》则将采茶之事描写完备。

有采茶季节，"采茶天，三月布谷递野烟。惊雷嫩荚才抽绿，处处开园好摘鲜。"惊蛰时，茶树抽绿发芽。

有地点，"采茶山，虾虎城（宜兴县古称）头罨画湾。"

有采茶路，"飞青叠翠迷如雾。任教裁璧与抽金，暗香锋向蹊间度。"采茶路青绿曲折，茶园分布两边，芽叶香气阵阵。

有采茶名，"纱帽棋盘并紫英。别有灵芽称庙后，龙团凤饼何足评。"纱帽、棋盘、紫英、庙后茶叶品质最佳，超过龙团凤饼。

有采茶焙，"竹炉松火声如雷。研膏架动蒸且馥，纷纷但见贩芽来。"写制茶场景之热闹。

有采茶市，"涨沙罗岕凭君指。品到人间第一茗，其价直与黄金比。"写涨沙、罗岕茶价比黄金。其实罗岕茶为长兴县所产，宜兴县以洞山茶为最好。

论曰：阳羡岂名晚？复兴庙后山。阳羡茶早于顾渚茶而贡，因与顾渚紫笋一起入贡故盛名不显。阳羡山与顾渚山相连，因洞山茶而声名再起，亦是品质为基，盛名相符。

第四节　北　苑　茶

对于"北苑"之由来，古学者说法不一。其实《宋稗类钞》说得很详细："官苑非人主不可称，按建茶供御，自江南李氏始……李氏都乎邺，其苑在北，故得称北苑……"李氏集有翰林学士张桥作《北苑侍宴赋》诗序，曰："北苑，皇居之胜概也。掩映丹阙，萦回绿波，珍禽异兽充其中，修竹茂林森其后；北山苍翠，遥临复道之阴；南内深严，近其帷宫之外。陋周王之平圃，小汉武之上林云云。"

而李氏亦有《御制北苑侍晏》诗序，其略云："城之北有故苑焉，遇林因薮，未魄于离宫，均乐同欢，尚惭于灵沼。以二序观之，因知李氏有北苑，而建州造铤茶又始之，因取此名，无可疑者。"这段话将北苑之地解释得很清楚，宫苑只有皇帝才能相称。南唐李氏时期，此地为当时宫苑，在首都平邺以北，故称北苑。《北苑侍宴赋》中将北苑比作汉朝上林苑，乃休闲娱乐之地，曾经盛极一时。里面丹阙掩映，绿水环绕，茂林修竹，珍禽异兽充斥其中。《御制北苑侍晏》将北苑比作离宫灵沼之地，可见其华丽秀美。而建州京铤茶始作于此，茶名取自地名，亦是古茶名常用之事。

北苑官焙是继顾渚山之后的第二个官焙贡茶院。宋代将官焙贡茶院转至福建北苑，既是朝代更迭求新之意，亦是受气候变冷影响，南移以利茶树生长。

北苑茶作为宋朝宫廷专贡官焙茶，沿袭唐朝顾渚官焙贡茶院之风，在茶叶制作方面更是精益求精，有过之而无不及，饼茶制作水平达到巅峰，为历代所不能及。同时革新茶叶品饮法，由烹煎法改为点茶法。与之对应，茶叶饮用之风愈盛，茶文化之雅尚风流，尤得文人雅士之津津乐道。上至皇帝，下至凡夫俗子，好著者无不尽展其才，撰书留文，宋朝茶文化之盛也是往朝所不能见。而宋代茶书几乎都是关于北苑贡茶，可谓一枝独秀。宋徽宗著有《大观茶论》，追著者颇多，而著者多为朝廷官员，应有趋上之意。文字自古多用于政治目的，此为佐证之一。求名者多，用于理论研究者甚少，古人通过文章诗词求取功名的现象可见一斑。虽然有上好下附之意，亦是百家争鸣之态。直至元朝武夷贡茶新起，才稍掩北苑贡茶之锋芒。但直至明朝，依然有很多爱茶者援笔不断，可见当时之盛况。

一、生长环境

北宋宋子安在《东溪试茶录》开篇对北苑茶生长环境作了大致描述。建瓯山因"峻极回环，势绝如瓯"故名，在七闽中位居首位。其群峰秀丽，草木繁茂，土壤为赤色，并且含有大量金属离子。水中矿物质丰富，茶树生长其中，气味自是不同，美于别处。原因是气候温暖适宜，土壤营养物质丰富，对茶树内在品质的形成非常有利。"土地秀粹之气钟于是，而物得以宜软"，当理解为所处气候环境秀美至极，故孕育其中之万物（包括茶树）亦有秀美之气。

宋徽宗赵佶《大观茶论》亦有"至若茶之为物，擅瓯闽之秀气，钟山川之灵禀，祛襟涤滞，致清导和"之论，盖指北苑茶拥有山川之秀气与灵气，故能调和身心达到神清气爽、阴阳相和。

宋代蔡襄《北苑十咏》对茶山描写道："苍山走千里，斗落分两臂。灵泉出地清，嘉卉得天味。"北苑茶山连绵千里，泉水清澈，好花飘香。

总的看来，北苑茶山并不高耸，无雄伟之状。但其秀丽多美，地形回环，无疑营造了一个适宜茶树生长的环境。且其气柔美，温度适宜，水分充足，对于茶叶优良品质的形成非常有利。

茶山大环境如此，小环境又如何？《东溪试茶录》对北苑官焙的茶园情况作了细致描述。"建溪之焙三十有二，北苑首其一，而园别为二十五，苦竹园头甲之，鼯鼠窠次之，张坑头又次之。"其意是指建溪共有三十二处官焙，北苑官焙为首，茶叶品质最佳。共有二十五个茶园，其中又以苦竹园头、鼯鼠窠、张坑头为最好。

苦竹园头茶园建在北山南面，生态环境很好，竹木成林，并且地势最高。而鼯鼠窠"土石回向如窠然，南挟泉流，积阴之处而多飞鼠"，可知地形回环，并且泉流不断。张坑头在其南高处。

从这三处茶园的地形环境来看，并无特异之处，既无高山雄起，亦无奇花异卉，但山势回环，颇得相和之气。

宋朝比起唐朝，气候开始逐渐变冷，北苑茶山虽处南方温暖之地，亦受影响。

《东溪试茶录》云："今北苑焙，风气亦殊。先春朝霁常雨，霁则雾露昏蒸，昼午犹寒，故茶宜之。"现在的气候与以前有所不同，变得特殊。先春早上常下雨，晴天也云雾缭绕，中午还很寒冷，这也证明了当时气候比以前寒冷。

北宋丁谓《咏茶》有"萌芽先社雨，采掇带春冰"之句。自宋代起，以立春、立秋后的第五个戊日为社日，春社应在春分前五日。社雨前茶芽萌发，说明气候温暖。"春冰"代指春寒未退，山上犹有冰。福建地处南方，春分前五日仍有残冰，为气候变冷所致。

另一北宋诗人郭祥正《谢君仪寄新茶二首》中却道："建溪春物早，正月有新茶。""北苑藏和气，生成绝品茶。"正月就有新茶，看来当年气候很温暖，北苑地处阴阳调和之地，茶叶品质足称绝品。这说明在气候逐渐变冷的大趋势下，个别年份也会出现暖和的情况，这在气候变化历史中并不少见。

到了明朝，气候又变得寒冷异常。明代华岳诗云："独有龙焙茶，花叶秀而耦。冰霜著群木，冻死十八九。"其他树木几乎全部被冻死，而茶树却花叶秀丽，可能其所处之地被其他草木遮蔽，能够幸免于难。这也说明如果周围地势、树木能够营造出温暖的小环境，茶树在冬天也能安全越冬。

二、制作

北苑茶山环境自有特异之处，而其造工之精更让人叹为观止。

（一）种类多

宋代熊蕃《宣和北苑贡茶录》详述北苑茶沿革和贡品种类。宋朝之前南唐时，北苑茶就已有研膏和腊面，而更佳者为京铤。太平兴国初，丁谓为福建转运使并造龙凤团茶上供。《分甘余话》记载："宋丁谓为福建转运使，始造龙凤团茶上供，不过四十饼。"丁谓始造应为龙凤大团。

其实北苑茶最早出现于唐末。张舜民《画墁录》记："有唐茶品，以阳羡为上供，建溪北苑未著也。贞元中，常衮为建州刺史，始蒸焙而研之，谓研膏茶。其后稍为饼样，而穴其中，故谓之一串。"可知唐末建州已有研膏，应是末茶。此后制成饼茶，应与唐饼茶一样。

蔡襄督造贡茶后，改进工艺，制作出小龙团，品质优于大龙凤。之后更是不断精制，品名迭出，有密云龙、瑞云翔龙、新銙。而新龙团胜雪制造更精，"盖将已拣熟芽再剔去，只取其心一缕，用珍器贮清泉渍之，光明莹洁，若银线然。以制方寸新銙，有小龙蜿蜒其上。"只用芽心，可见无以复加，原料之精达到极致。

其实龙凤团茶就已经很难得了，欧阳修《归田录》记："茶之品，莫贵于龙凤，谓之团茶，凡八饼重一斤。庆历中，蔡君谟……始造小片龙茶以进，其品绝精，谓之小团，凡二十饼重一斤，其价值金二两。然金可有而茶不可得。每因南郊致斋，中书、枢密院各赐一饼，四人分之。宫人往往缕金花于其上，盖其贵重如此。"

《宣和北苑贡茶录》一书中，共记有贡茶种类为四十三品，再加上宣和二年所制的十种，则共有五十三品。书中还附图介绍了制作模具。茶品不同，模具亦不同：有竹圈银模、银圈银模、竹圈竹模、铜圈银模四种。还有尺寸大小和外形的不同，有的为方一寸二分，有的为圆一寸二分；外形有不同花型、多边形、圆形等共计三十八种模型。

赵汝砺《北苑别录》详细介绍了贡茶的加工过程及工艺要领。贡茶有细色五纲和粗色七纲，共十二纲目。加工工艺如下。

①采茶：要求日出之前采完。

②拣茶：按照芽的大小，分别制作。

③蒸茶：蒸之前须洗干净。

④榨茶：小榨去水，大榨出其膏。

⑤研茶：茶芽不同，研茶水次不同，从二水至十六水不等。

⑥造茶：入圈制銙，随笪过黄。有方銙，有花銙，有大龙，有小龙，不同形状。

⑦过黄：根据銙之厚薄，用火不同；火数既足，然后过汤上出色。

从上可以看出制作贡茶的全过程很详备，每一个环节都要求严格，其中研茶水次和过黄火次复杂繁琐，尤其讲究火候。

梅尧臣《王仲仪寄斗茶》诗中云："白乳叶家春，铢两直钱万"，可见白乳茶之贵。正如刘弇《龙云集》所说："其品制之殊，则有若金铤、六花、叶家白、王家白。其色类之殊，则有若的乳、白乳、头金、蜡面、京铤。"

胡仔《苕溪渔隐丛话》云："建安北苑茶，始于太宗朝。太平兴国二年，遣使造之，取像于龙凤，以别庶饮，由此入贡。至道间，仍添造石乳。"贡茶中另有石乳茶。

又云："壬午之春，余赴官闽中漕幕，遂得至北苑，观造贡茶。其最精即水芽，细如针，用御泉水研造。社前已尝，贡余每片计工直四万钱。分试其色如乳，平生未尝曾啜此好茶，亦未尝尝茶如此之蚤也。"水芽茶更珍贵，每片价值四万钱。

北苑贡茶茶品之多、制作之精、成本之高为唐朝所不及。贡品的制作也经过了不断完善和精制化的过程，凝聚了茶工的智慧和心血，可以看出，宋朝统治者讲究完美可谓不惜成本。

（二）品质特点

北苑贡茶是宋朝专设定点官焙茶，其品质自然是代表了当时最高水平。正如《大观茶论》所言：

> 本朝之兴，岁修建溪之贡，龙团凤饼，名冠天下；壑源之品，亦自此盛。延及于今，百废俱举，海内晏然，垂拱密勿，幸致无为。荐绅之士，韦布之流，沐浴膏泽，薰陶德化，咸以雅尚相推，从事茗饮。故近岁以来，采择之精，制作之工，品第之胜，烹点之妙，莫不咸造其极。

对龙团贡茶品质作了高度概括和赞美。在皇帝及大臣们的宣传与推动下，宋代茶文化得以蓬勃发展，无论平民百姓还是官员商人都以饮茶为风雅，大肆推崇。

蔡襄《茶录》对茶团外形作了描述,贡茶不单是外形的差别,其表面镀油色也不同,有青、黄、紫、黑之别,原因在于"珍膏油其面"。碾成茶末则有青白与黄白之分。"而入贡者微以龙脑和膏,欲助其香",茶叶本香被破坏,夹杂龙脑香气。"茶味主于甘滑,惟北苑凤凰山连属诸焙所产者味佳",可知北苑龙团冲泡后滋味甘滑。

黄儒《品茶要录》记:"凡肉理怯薄,体轻而色黄,试时虽鲜白,不能久泛,香薄而味短者,沙溪之品也。凡肉理实厚,体坚而色紫,试时泛盏凝久,香滑而味长者,壑源之品也。"北苑之中分内外园,外园以壑源茶品最佳。茶饼外形"肉理实厚,体坚而色紫",且其香气长久,滋味滑润。

丁谓茶诗《北苑焙新茶》对香气和汤色作了描述:"才吐微茫绿,初沾少许春……宿叶寒犹在,芳芽冷未伸……头进英华尽,初烹气味醇。细香胜却麝,浅色过於筍。"北苑龙茶甘鲜珍贵,用仍有寒意的早春萌发的新芽制成。颜色浅绿,香气胜麝,滋味醇厚。

梅尧臣《刘成伯遗建州小片的乳茶十枚因以为答》对的乳茶外形作了描述:"玉斧裁云片,形如阿井胶。春溪斗新色,寒箬见重包。"的乳茶为小片,外形如阿胶,原料为小芽,价值万金,比顾渚紫笋有名。

郭祥正《谢君仪寄新茶二首》对茶团品质进行描写:"辗开黳玉饼,汤溅白云花。"建溪新茶像黑玉(用膏油修饰所致),碾碎后点成白云一样的汤花,清香扑鼻。

胡寅诗云:"北苑仙芽紫玉方,年年包箬贡甘香。"可见茶团为紫色方形。

杨万里《谢木韫之舍人分送讲筵赐茶》对北苑龙茶制作及外形作了描述:"北苑龙芽内样新,铜围银范铸琼尘。九天宝月霏五云,玉龙双舞黄金鳞。"制作茶团的茶模为银,外围为铜卷,上有双龙飞舞,茶饼颜色为黄色。

北苑贡团形态多种,颜色不同;在注重外形精致的前提下,也注重香气的高长和纯正。但用"膏油饰其面"对其香气必定产生影响,故用料极精的水芽制作的密云龙,就保持原有本真状态。从这可以看出,宋朝贡茶在保持茶饼外形与香气之间的选择上有矛盾。

三、文化

宋代茶书几乎都是关于北苑贡茶的。有名的如蔡襄《茶录》、宋子安《东溪试茶录》、黄儒《品茶要录》、赵佶《大观茶论》、熊蕃《宣和北苑贡茶录》和赵汝砺《北苑别录》,存文不全或失传的更多。除了这些,对于北苑贡茶的记录在一些杂文中也出现了。

北宋丁谓《进新茶表》是对朝廷的呈文："右件物，产异金沙，名非紫笋。江边地暖，方呈彼苗之形；阙下春寒，已发其甘之味。有以少为贵者，焉敢韫而藏诸？见谓新茶，盖遵旧例。"文字短而精，将北苑贡茶与唐代紫笋贡茶做了对比，对北苑贡茶的生长地气候作了描述。

蔡襄《进茶录表》："臣前因奏事，伏蒙陛下渝，臣先任福建运使日，所进上品龙茶，最为精好。臣退念草木之微，首辱陛下知鉴，若处之得地，则能尽其材。"对北苑龙茶的精美高度推崇，以冀得到君王恩宠。

《石林燕语》记贡茶等级不同，其外包装亦不同，密云龙用黄袋以献君王，大小团袋皆用绯，用于赐给群臣。其他还有一些名人轶事，成为众人品茶之资。

彭乘《墨客挥犀》记有二则故事："蔡君谟，议茶者莫敢对公发言，建茶所以名重天下，由公也。后公制小团，其品尤精于大团。一日，福唐蔡叶丞秘教召公啜小团，坐久，复有一客至，公啜而味之曰：'此非独小团，必有大团杂之。'丞惊，呼童诘之，对曰：'本碾造二人茶，继有一客至，造不及，即以大团兼之。'丞神服公之明审。"

"王荆公为学士时，尝访君谟，君谟闻公至，喜甚，自取绝品茶，亲涤器，烹点以待公，冀公称赏。公于夹袋中取消风散一撮，投茶瓯中，并食之。君谟失色，公徐曰：'大好茶味。'君谟大笑，且叹公之真率也。"

从上述二则故事可见蔡襄茶艺之高，王安石之爽真。

元熊禾《勿斋集·北苑茶焙记》云："贡，古也。茶贡，不列《禹贡》《周·职方》，而昉于唐。北苑又其最著者也。苑在建城东二十五里，唐末里民张晖始表而上之。宋初丁谓漕闽，贡额骤益，斤至数万。庆历承平日久，蔡公襄继之，制益精巧，建茶遂为天下最。公名在四谏官列，君子惜之。欧阳公修虽实不与，然犹夸侈歌咏之；苏公轼则直指其过矣。君子创法可继，焉得不重慎也。"

此故事则将三文人名流纳入其中，颇得后人传颂。蔡襄虽在公心，亦有私心，故得苏轼嘲笑。或苏轼为不顺之时，才有微词，亦可理解。欧阳修撰文而咏，也是因才而爱，言出于公正之心，其胸怀自是不同。

北苑贡茶成名于一时，天时地利人和于一身，恩宠备至。有着朝廷雄厚的物力支持，北苑官焙精工细作才有了基础保障。气候适宜、环境优美造就了北苑茶优良的品质特征；而皇帝与大臣们的竭力推崇，文人的相随以风，更是北苑茶长久不衰的动力所在。

论曰：君宠臣自爱，宋朝第一茶。北苑贡山低缓回环，秀丽更胜于顾渚山。北苑贡茶除了因是贡茶，更以精致著称。制作之精致，工艺之繁复为它茶所不能及。宋徽宗亲撰《大观茶论》以示宠爱，众大臣紧趋吹捧成风，遂成千古美事。

第五节　武　夷　茶

《汉书·郊祀志》记："古天子常以春解祠……泰一、皋山山君用牛；武夷君用干鱼；阴阳使者以一牛。"可见汉朝时武夷山就已作为祠地以祭奠武夷君。武夷山丹山清秀，溪水相伴，地处福建温暖湿润地区，适合茶树生长。至清代时，王梓《茶说》云："武夷山周回百二十里，皆可种茶。"

一、生长环境

武夷山峰多、岩多、石多，溪水围绕，九曲环绕，溪中有山、山水辉映。山上岩崖峭立，林木茂盛，主要有玉女峰、铁城障、虹桥岩、晒布崖、天游山等山峰。

江淹（公元 444—505 年，南朝著名文学家）曾云："地在东南峤外，闽越旧境也。爱有碧水丹山、珍木灵草，皆淹平生所至爱。"看来在南朝时，武夷山就以碧水丹山而被世人称颂。

自南朝江淹之后，唐朝李商隐和徐凝先后有诗歌颂武夷。李商隐《题武夷》中有"武夷洞里生毛竹"之句，大概指的是茶洞。徐凝《武夷山仙城》诗中有"武夷无上路，毛径不通风"之句，说明武夷山植被丰富，路不透风，不易上去，或是当时未开发。

南唐张绍《武夷山冲佑宫碑》对武夷山推崇备至："武夷山者，按《葛洪传》，即第十六升化真元之洞天也"，既然是道家仙地，自然妙不可言。"盘根地表，积翠天中。状维岳峻拔之形，耸太华削成之势。红岩紫壁……邃宇幽房，映松萝而逗影……琼精泛雪，石髓凝霜。"山既有峻拔之势，又有红岩紫壁，翠绿萦绕，幽地甚多，霜雪凝住更显神秀。

明代徐弘祖《游武彝山日记》，是其用三天时间游览武夷山所记见闻。先是坐船游览六曲之所见，六曲之景象各异，大多以峰岩取胜。各曲各有突出之峰或岩，然后是登陆所见。接笋峰侧有茶洞，茶洞面积不大，所谓"四山环翠，中留隙地如掌者"。随后所见有仙掌岩、天游峰、大王峰，第七曲右为三仰峰（最高峰）、天壶峰，左为城高岩，第八曲右为鼓楼岩、鼓子岩，左为大廪石、海蚱石。

又记："泊舟四曲之南涯。自御茶园登岸"，可见御茶园临近四曲溪流。而种茶之地也颇不寻常，"峭壁高骞，砂碛崩壅"。人从茗柯中行，"下瞰深溪，上仰危崖"，植被有苍松翠竹、深木。茶树生长在峭壁空隙处，上有危崖、下有深溪，得水石之灵气，故其品质不凡。

山上泉水处处可见，有"泉从壁半突出，疏竹掩映，殊有佳致。"有"岩既雄扩，泉亦高散，千条万缕，悬空倾泻。"整篇日记所记奇峰峭立、危岩众多，泉水不息，溪水潺潺。惟缺乏平整之地，茶树多临路倚崖而长，生在手掌之地，故其产量较少，但品质不凡。

清代袁枚《游武夷山记》中云："山愈高，径愈仄，竹树愈密。"可见山上多竹。结尾"以文论山"，其实是以书法运笔来比喻山。武夷山具有"曲"乃弯曲之意，"峭"乃高耸直立之状，"新"乃空气、草木新鲜，"遒紧"乃山势紧凑之意。

《续茶经》记"茶洞在接笋峰侧，洞门甚隘，内境夷旷，四周皆穹崖壁立。土人种茶，视他处为最盛。"茶洞环境中间平旷，四周崖壁峭立，所产茶品质最优。书的结尾"以文论山"，其实是以书法运笔来比喻山。武夷山之"曲"乃弯曲之意，"峭"乃高耸直立之状，"新"乃空气、草木新鲜，"遒紧"乃山势紧凑之意。

二、茶

武夷茶始于唐，盛于宋元，衰于明而复兴于清。据刘超然、郑丰稔修《崇安县新志》叙述："丹山碧水为武夷之特种，唐时崇安未设县，武夷尚属建阳，故云。然则此茶之出于武夷，已无疑义。……宋时范仲淹、欧阳修、梅圣俞、苏轼、蔡襄、丁谓、刘子翚、朱熹等从而张之，武夷茶遂驰名天下。《崇安县志》谓：宋时贡茶尚少，及元大德间……创焙局于四曲，名之曰御茶园，于是北苑废而武夷兴。明初虽罢贡，然有司尚时有诛求，景泰间茶山遂荒，输官之茶至购自他山，其衰落可知。清兴复由衰而盛，且骎骎乎由域中而流行海外，而武夷遂辟一新纪元年矣。"

其论有理有据，非常清楚，武夷茶的发展也是时扬时抑，其成名在于文事之彰，文人雅士的推动功不可没；其声名以元、清时最盛，宋时虽有名但为北苑贡茶所掩，盛名难副。

（一）茶树

关于所种茶树，《随见录》有记。

> 按沈存中《笔谈》云，建茶皆乔木，吴、蜀惟丛茇而已。以余所见，武夷茶树俱系丛茇，初无乔木，岂存中未至建安欤？抑当时北苑与此日武夷有不同欤？《茶经》云"巴山、峡川有两人合抱者"，又与吴、蜀丛茇之说互异。姑识之以俟参考。

"建茶皆乔木"有待考证。茶树树形会随气候变化而变化。武夷山茶树应既有乔木又有灌木，并且随山势自下而上逐渐矮化，亦是植物适应环境的结果。

（二）茶类

刘超然、郑丰稔修《崇安县新志》有记："武夷茶共分两大类：一为红茶，一为青茶，均非本山所产。本山所产为岩茶。岩茶虽属青茶之一种，然与普通青茶有别，其分类为奇种、名种、小种。至于乌龙、水仙，虽亦出于本山，然近代始由建瓯移植，非原种也。奇种又有提丛、单丛、名丛之别，而名丛为尤贵。名丛，天然产物，各岩间有一二株，岁只产茶数两。"即武夷茶有红茶与青茶两种，青茶中以岩茶著称，其分类为奇种、名种、小种。奇种以名丛为尤贵，另外还有提丛、单丛两种。

清代姚衡《寒秀草堂笔记》云："茶之至美，名为不知春，在武夷天佑岩下，仅一树，每岁广东洋商预以金定此树，自春前至四月，皆有人守之。惟寺僧偶乞得一二两，以饷富商大贾……现时天心岩九龙窠所产大红袍仅两株，每岁可得茶八九两。自采摘以至制造，亦看守綦严，其宝贵如此。"其中，不知春与大红袍即为奇种名丛。

又云："至其名称之见于载籍者，以唐之腊面为最古，宋以后花样翻新，嘉名鹊起，然揭其要，不外时、地、形、色、气、味六者。如先春、雨前，乃以时名；半天夭、不见天，乃以地名；粟粒、柳条，乃以形名；白鸡冠、大红袍，乃以色名；白瑞香、素心兰，乃以气名；肉桂、木瓜，乃以味名。"此言人们根据季节、产地、外形、颜色、香气、滋味给茶叶品类取名。其中"形、色、气、味"亦是今天人们所用的品茶标准，可见清代对茶叶的审评标准已完全建立。

清代蓝陈略《武夷纪要》记载了武夷茶品质："以清明时初萌细芽为最。谷雨稍亚之，其二春、三春以次分中下。致秋露白，其香拟兰，但性微寒，大抵茶质不甚相远，在制有法耳。"即春茶有头春、二春、三春，秋茶为秋露白。

王梓《武夷山志》记载岩茶名品，岩茶采制著名之处有"竹窠、金井坑，上章堂，梧峰、白云洞、复古洞，东华岩、青狮岩、象鼻岩，虎啸岩、止止庵诸处……其岩茶反不甚细，有选芽、漳芽、兰香、清香诸名，盛行于漳泉等处。"

（三）贡茶

《武夷茶考》记："按丁谓制龙团，蔡忠惠制小龙团，皆北苑事。其武夷修贡，自元时浙省平章高兴始，而谈者辄称丁、蔡。苏文忠公诗云：'武夷溪边粟粒芽，前丁后蔡相宠加。'则北苑贡时，武夷已为二公赏识矣。至高兴武夷贡后，而北苑渐至无闻。"武夷正式修贡，自元时浙省平章高兴始，但其在北苑贡茶时可能已被作为贡茶原料，加工成龙凤团而上贡。吴拭亦云："武夷茶赏自蔡君谟始，谓其味过于北苑龙团，周右文极抑之。"

明代徐表然《武夷山志》记载了御茶园的建筑规模："元设场官二员。茶园南北五里，各建一门，总名曰御茶园。大德已亥，高平章之子久住创焙局于此。中有仁风门、碧云桥、清神堂、焙芳亭、燕嘉亭、宜寂亭、浮光亭、思敬亭，后俱废。惟喊山台乃元暗都刺建，台高五尺，方一丈六尺，台上有亭，名喊泉亭。旁有通仙井，岁修贡事。"武夷山贡茶亦有定额："元朝著令，贡有定额（九百九十斤）。有先春、探春、次春三品，视北苑为粗，而气味过之。"

王梓《武夷山志》则记载了贡茶情况："……至元十六年，平章高兴过武夷。制石乳数斤以献。十九年，乃令县官莅之，岁贡茶二十斤，采摘户凡八十。大德五年，兴之子久住为邵武路总管，就近至武夷督造贡茶，明年创焙局，称为御茶园……设场官两人领其事，岁额浸广，十余年间增户至二百五十，茶三百六十斤，制龙团五千饼。"贡茶数量从数斤到二十斤再到三百六十斤，并制龙团五千饼，逐渐增加，后期不单有散茶还有饼茶亦上贡。

至顺三年，"额凡九百九十斤。明初仍之，著（为）令……洪武二十四年，诏天下产茶之地，岁有定额，以建宁为上，听茶户采进，勿预有司；茶名有四：探春、先春、次春、紫笋，不得碾揉为大小龙团。然而祀典贡额犹如故也。"明朝之后每年仍然有定额贡奉，用以祭祀。

《崇安县志》记载了贡茶地改在延平之事："嘉靖中，……御茶改贡延平，而茶园鞠为茂草，井水亦日湮塞，然山中土气宜茶，环九曲之内，不下数百家，皆以种茶为业，岁所产数十万斤，水浮陆转，鬻之四方，而夷茗甲于海内矣。宋、元制造团饼，稍失真味，今则灵芽仙萼，香色尤清，为闽中第一，至于北苑、壑源又泯然无称，岂山川灵秀之气，造物生殖之美，或有时变易而然乎！"

上文记载了武夷山御茶园创建的时间及发展、武夷茶的演变及品质变化。武夷茶在宋、元虽成名，但因制作成团饼，优势难以显露出来。而制作芽茶，则使其特色充分展现，香气清正，颜色纯正，可为"闽中第一"，至于"北苑、壑源又泯然无称"。这也从另一方面说明每种茶树或者是每个地方的茶叶，因受周围环境影响，自有其独特品质，只要通过改进工艺让其独特处充分显露，必然会引人瞩目，一举成名。还可知九曲之内处处种茶，种茶者"不下数百家，岁所产数十万斤"，先通过水路，再转为陆路卖到四面八方。

(四) 品质

《茶疏》云："唐人首称阳羡，宋人最重建州，于今贡茶，两地独多。阳羡仅有其名，建州亦非最上，惟有武夷雨前最胜。"他认为，明时武夷茶品质最好，阳羡与建州贡茶风光不再。

明代谢肇淛《五杂俎》云："今茶品之上者，松萝也，虎丘也，罗芥也，龙井也，阳羡也，天池也。而吾闽武夷、清源、彭山三种，可与角胜。"武夷茶已与当时名品如松萝、虎丘、罗芥、龙井、阳羡、天池品质相仿。

梁章钜《归田琐记》云："其实古人品茶，初不重武夷，亦不精焙法也。"按《武夷杂记》云："武夷茶，赏自蔡君谟，始谓其过北苑龙团，周右父极抑之，……是宋时已非武夷无茶，特焙法不佳，而世不甚贵尔。"表明宋朝时武夷已经有茶且品质极佳，深得蔡襄赏识，"谓其过北苑龙团"。但周右父却持相反意见，从而使武夷茶未能显现。作者认为与"焙法不佳"有关，所以世人不以武夷茶为贵。

《建宁府志》记："北苑在郡城东，先是建州贡茶，首称北苑龙团，而武夷石乳之名未著。至元时，设场于武夷，遂与北苑并称。今则但知有武夷，不知有北苑矣。吴越间人颇不足闽茶，而甚艳北苑之名，不知北苑实在闽也。"此文之意北苑亦属于建茶，但作为贡茶要早于武夷茶。武夷石乳成名晚，但当时声名已胜于北苑茶。

《续茶经》记有"前朝不贵闽茶"，现在通过改变加工方法，使武夷茶品质甚佳。"崇安殷令，招黄山僧以松萝法制建茶，真堪并驾，人甚珍之，时有武夷松萝之目。"好茶还要好的制法，以松萝法制武夷茶，品质较好，说明武夷茶之前缺少精工细制。

又云："茶洞在接笋峰侧，洞门甚隘，内境夷旷，四周皆穿崖壁立。土人种茶，视他处为最盛。"茶洞中茶叶最多，应为中间平旷，而周围崖壁峭立，所产品质应不错。

王草堂《茶说》（约明末清初）对武夷茶介绍得很详细。武夷茶夏茶不采，春茶分为头春、二春、三春，秋茶又名秋露。品质上头春叶粗味浓；二春、三春叶渐细，味较薄，且带苦味矣；秋茶香更浓，味更佳。

制作方法上："茶采后，以竹筐匀铺，架于风日中，名曰晒青。俟其青色渐收，然后再加炒焙……烹出时，半青半红。"茶叶应是青茶类，不再是绿茶。

又云："茶性，他产多寒，此独性温。其品有二：在山者为岩茶，上品；在地者为洲茶，次之。香清浊不同，且泡时岩茶汤白，洲茶汤红，以此为别……然武夷本石山，峰峦载土者寥寥，故所产无几。"

茶性寒温与茶类有关，别处是绿茶，此处是乌龙茶，所以性温。山中有岩茶与洲茶之别，岩茶要好于洲茶。而岩茶很少，产量很低，因此用洲茶掺杂其中或以安溪冒充武夷茶者甚多。

三、文化

唐代徐寅《尚书惠腊面茶》诗曰："武夷春暖月初圆，采摘新芽献地仙。飞鹊印成香蜡片，啼猿溪走木兰船。金槽和碾沉香末，冰碗轻涵翠缕烟。"可知，武夷山在唐时就已被制成片茶，并作为赠品送于亲友。茶叶香如沉香，汤色翠绿。

北宋范仲淹《和章岷从事斗茶歌》中有"溪边奇茗冠天下，武夷仙人从古栽"之句，看来武夷仙人之说由来已久，虽茶不可能是仙人所栽，但说明武夷山茶叶品质确是不凡。

宋代苏轼《荔枝叹》中有"武夷溪边粟粒芽，前丁后蔡相宠加"之句，从诗中可知，武夷溪边已有茶树，并为丁谓和蔡襄所赏识。胡仔却认为是苏轼搞错了地方，应该是北苑贡茶而不是武夷茶，而苏轼应不至于如此马虎将地方搞错。武夷山与北苑贡焙处相距并不远，地产好茶，地方官以巴结逢迎以期得到朝廷赏识很有可能。但从现在资料中并没有发现当时武夷茶作为贡茶进献，不知什么原因。诗中紧接两句"争新买宠各出意，今年斗品充官茶"或可以解释，那就是将武夷茶当做贡茶进献，不过未用其名，用的还是北苑茶。从这可以看出，当时为了贡茶能够"争新买宠"可谓绞尽脑汁。

宋朝名相李纲曾游览过武夷山，并写下《九曲溪》，诗中对武夷山大加赞叹："一溪贯群山，清浅萦九曲。溪边列岩岫，倒影浸寒绿。"武夷山景色很是优美，九曲溪贯穿群山，溪边岩洞众多，翠山倒映于水中。

宋代朱熹常年居住在武夷山，对武夷山美景赞叹不已，他在《九曲棹歌》中将武夷山的九曲特色做了如画描绘："一曲幔亭峰，二曲玉女峰，三曲驾壑船，四曲东西岩，五曲山高云气多，六曲有茅屋，环境幽静；七曲回看隐屏峰，八曲鼓楼岩，九曲水面如平。各曲风景殊异，百转千回，风光无限。"并且在山上亲种茶、亲做茶，"武夷高处是蓬莱，采取灵芽余自栽"，说明茶园在谷中。"红裳似欲留人醉，锦幛何妨为客开。"周围红绿相绕，彩蝶飞舞，很是漂亮。但诗中未对茶叶品质做介绍，只说能够"醒心"。

绍熙元年，退居家乡的陆游，以中奉大夫（从五品官爵）提举武夷山冲佑观，成了"九曲烟云新散吏"，长达八年之久，并写下《长汀道中》和《游武夷山》，两诗对武夷山的景色做了大体描绘。《长汀道中》云："鸟送穿林语，松垂拂涧枝。"松树靠涧生长，垂下弯弯的枝条，自是一番景致。《游武夷山》中云："三十六奇峰，秋晴无纤云。"山中共有三十六座奇峰，秋高气爽没有一丝云彩，山峰格外明丽多姿。而"峭壁丹夜暾"和"丹梯不容蹑"，是说红色的峭壁山路可谓格外耀眼美丽，充分证实了"丹山"之说。

宋代白玉蟾《九曲櫂歌十首》将武夷山九曲景色写尽，对于我们了解茶叶产地很有帮助。其中一首云："仙掌峰前仙子家，客来活火煮新茶。主人摇指青烟里，瀑布悬崖剪雪花。"可知武夷山在宋朝时就已产茶。《武夷有感十一首》对武夷山环境特色做了一个个片段勾画，颇有情调。

武夷天心禅寺茶僧释超全的《武夷茶歌》对武夷茶的发展过程做了较全面描述。"凡茶之产准地利，溪北地厚溪南次。平洲浅渚土膏轻，幽谷高崖烟雨腻。凡茶之候视天时，最喜天晴北风吹。苦遭阴雨风南来，色香顿减淡无味。"他认为溪北茶要好于溪南茶，幽谷高崖处要优于平洲浅渚。要做出好茶，采茶天气亦很重要，最好是天气晴朗、有北风，而雨天制出的茶则"色香味淡"。

清朝号称"茶仙"的陆廷灿曾任崇安知县六年，其《武夷茶》中有"轻涛松下烹溪月，含露梅边煮岭云"之句，在松下烹茶别有一种潇洒闲情。"春雷催茁仙岩笋，雀舌龙团取次分。"摘取武夷山岩石上的茶树芽头或制成雀舌，或制成龙团。

朱彝尊《御茶园歌》则谈及元朝时在四曲设立御茶园进贡茶，人民深受其苦。"岁签二百五十户"，每年有二百五十户采茶制茶，明朝时废除此方法。

"云窝竹窠擅绝品，其居大抵皆岩嵝。兹园卑下乃在隰，安得奇茗生周遭。"他也认为云多处，竹林中，周围多山石，方能出绝品茶，低湿之地难出好茶。

武夷山久为灵地，文人雅士多沉迷其中，乐而忘返，故名诗佳句颇多。灵气加上文气，武夷茶品质超凡脱俗。

论曰：神府呈丹壁，曲中藏佳茗。武夷因丹山碧崖，九曲环绕而吸引众目。隐士雅客徜徉其中，品茗论道参学悟理，赋诗写文纵情声色，更添名山雅韵。其茶以品高不俗、气韵独特而称，具灵岩厚重，有灵水运通，故得众人青睐。仙山出奇人，亦出奇茗，盖水土之潜移默化之功尔。

第六节　虎　丘　茶

虎丘山名来自战国时期，《越绝书》云，吴王阖闾冢所在，"葬三日，白虎居其上，故有兹号"。按《吴地记》云："本名海涌山，去吴县西九里二百步，高一百三十尺，周二百一十丈。"虎丘山近城便利，游人易观瞻，本身亦有可看之处，其景，亦有可塑之处，经后人逐渐打造，遂成一方之秀。文人雅士久慕其名，流连其中，把盏言欢，吟咏诗句，增添许多文风雅韵。

《世说新语》则云："秦皇帝经过此地，遇虎而刺，虎遁而隐于丘，故名。"既为传说，未为可信，但无疑增加了虎丘山的文化渊源和底蕴，惹得人们纷纷前来一睹，并各抒己意。各朝名流雅士亦留恋其间，临风而对，赏花赏景，各赋风骚。东晋有顾恺之，南北朝有顾野王，南朝有梁沈炯、张种，隋朝有江总，唐有李翱，宋有蒋堂、范仲淹、朱长文、王随、王禹偁、晁迥，明有李流芳、袁宏道、郑善夫、胡缵宗、杨循吉、徐源、张岱、王鏊、王宠、丁奉、徐渭、王世贞，清有查慎行。自宋、明两朝以来诗词歌赋日见甚多。

一、生长环境

（一）唐之前

晋顾恺之《虎丘山序》虽简短，但为记虎丘山之始，"含真藏古，体虚穷玄。"虎丘山留有古迹，非为人造，尤有真意。"隐嶙陵堆之中，望形不出常阜。至乃岩崿，绝于华峰。"虎丘山外形与平常土丘无异，但其岩屿有绝胜之处，凌于华山之峰。

南北朝顾野王亦有《虎丘山序》："秀壁数寻，被杜兰与苔藓；椿枝十仞，挂藤葛与悬萝。曲涧潺湲，修篁荫映，路若绝而复通，石将颓而更缀，抑巨丽之名山，信大吴之胜壤。"崖壁之上披满杜兰，椿树上萦挂藤葛与悬萝；洞水潺潺曲缓，高竹掩映；小路崎岖盘桓，石欲倾而不坠，确是一派奇丽景象。

"于时风清邃谷，景丽修峦，兰佩堪纫，胡绳可索。林花翻洒，午飘扬于兰皋；山禽峥响，时弄声于乔木。班草班荆，坐蟠石之上；濯缨濯足，就沧浪之水。倾缥瓷而酌旨酒，剪绿叶而赋新诗。"谷中清风阵阵，山峦美丽。坐在胡床上，看着山中林花散落，听着鸟声啼啭，不禁坐在石上，让清澈涧水洗去头上、足下尘垢。然后饮酒赋诗，其乐融融。

同时代身为吴令的沈炯也对虎丘山景色赞叹不已，其《答张种书》记："冬桂夏柏，长萝修竹，灵源秘洞，转侧超绝，远涧深崖，交罗户穴。"冬天有桂树，夏天柏树阴阴，树间长满藤萝；修竹郁郁，洞水长流；洞穴幽，悬崖峭。四季都是游玩的好去处。

张种与之相和，有《与沈炯书》。书中赞道："虎丘山者，吴岳之神秀者也……其峰崖刻削，穷造化之瑰诡；绝涧杳冥，若鬼神之仿佛。珍木灵草，茂琼枝与碧叶；飞禽走兽，必负义而膺仁。"看来虎丘之极致处为峰崖、绝涧，夹杂珍木灵草等，更觉幽美绮丽。

南朝江总（公元519—594年）在《庚寅年二月十二日游虎丘山精舍诗》中表明自己志向高远，爱山林鸟声，淡泊名利："贝塔涵流动，花台偏领芬。蒙茏出檐桂，散漫绕牕云。"贝塔指佛塔，虎丘山已有寺僧居住，虎丘山上草木青翠，云雾浮动，散漫于廊檐之间。

虎丘山历史文化悠久，自晋朝以来即受文人喜爱。那时人文景观较少，树木花草等植被丰富，风景秀丽，可为玩赏胜地。

（二）唐宋时期

到了唐朝，据李翱《虎丘山记》所言，巨石可坐，剑池可凭。所谓"高石可居数百人。剑池上峭壁耸立，凭楼槛以望远。"

李白《建丑月十五日虎邱山夜宴序》对虎丘山描述甚少，"会之日，和气满谷，阳春逼人。"按序言，建丑月应为农历十二月，但已经暖和起来了。"笑向碧潭，与松石道旧。……松荫依依，状若留客。"山上松石、碧潭相伴，松树很多，并且能够遮阴。对山之势着笔甚少。

宋代已形成风景"三绝"。朱长文《蒲章诸公唱和诗题辞》描述为外缓而内深邃，近城而立，剑池水深无盈虚。所谓"望山之形不越冈陵，而登之者见层峰峭壁，势足千仞，一绝也；近临郛郭（外城），蠹起原隰，旁无连属，万景都会，西联穹窿（山名，地处姑苏西部，为苏州第一名山），北亘海虞，震

湖沧洲，云气出没，廓然四顾，指掌千里，二绝也；剑池泓淳，彻海浸云，不
盈不虚，终古湛湛，三绝也。"此外，还有"僧合精庐，重楼飞阁，碕礤岐嶒，
梯岩架壑，东南之胜，罕出其右"，应是后人逐步建造以利观赏。

王随《虎丘云岩寺记》则主要记述了游虎丘云岩寺的所见所感。虎丘山上
有响师虎泉、陆羽茶井、真娘墓、生公台。茶井以陆羽取名，当是慕其采茶、
制茶、品茶之风雅。云岩寺"粉垣回缭，外莫睹其崇峦；松门郁深，中迥藏于
嘉致"，可谓隐于松林之中，外莫得见。

"层轩翼飞，上出云霓。华殿山屹，旁碍星日。景物清辉，寮宇岑寂。千
年之鹤多集，四照之花竞折。"寺层轩环绕，画角如飞，直达云中，气势不凡。
依山而立，手可摘星，确有夸张之意。而翔鹤云集，丛花争艳自是修心之所。
山无寺难见其幽，寺无山难以成名。故山寺自古就是文人雅士向慕之所，心仪
之地。虎丘山因寺而愈见历史厚重和玄妙难测，更添神秘之感。

王禹偁《剑池铭序》则对虎丘山剑池赋铭以记："虎丘剑池，泉石之奇者
也。《吴地记》引秦王之事，以为诡说……儒家者流，不可语怪，因为铭以辨
之。"他也认为秦王之说应是杜撰。剑池内泉水"寒流下咽……雪雍雷收"，并
且挹之不竭。而"池实自然，剑何妄传"，其意为池水确实存在，但名为剑池
当为妄传，不足为信。

晁迥《游虎丘诗序》也是为剑池而写的，"俯临剑池，砑若断岸，磊砢嶙
崒，不能形容。"剑池处于怪石之间，犹显鬼斧神工。

宋代进士蒋堂则专门游了一遍虎丘山，并写诗对其作了细致的描述。"游
人接踵来，千里必重趼。"言游人之多。"扪萝穷邃深，冰霭涧古杉。"讲古木
幽深。"国朝有笔札，崖壁刻棱婉。"说题词之多。"露井汲云浆，冰甆（古同
"瓷"）试芳荈"，谈品茶之乐。

范仲淹曾作《苏州十咏》，其四即咏的是虎丘山。"幽步萝垂径，高禅雪闭
庵。"夏季路边绿萝悬挂，冬季雪能掩门，看来冬季也十分寒冷。

唐、宋时期文化兴盛，文人好游更成风雅。虎丘山在众人的挖掘与打造
中，渐成游乐必去之地，人文景观日渐增多，文化内涵愈渐丰富。

（三）明朝之后

明代李流芳《虎丘》记其曾月夜游虎丘，坐钓月矶与坐石台，静然相对，
"觉悠然欲与清景俱往也"，更觉清景无限。

明代袁宏道《虎丘记》说得很明白："虎丘去城可七八里。其山无高岩邃
壑，独以近城，故箫鼓楼船，无日无之……游人往来，纷错如织。而中秋为尤

胜。"虎丘山景致许多，有剑池，"剑泉深不可测，飞岩如削"。有秀山，"千顷云得天池诸山作案，峦壑竞秀，最可觞客。"还有文昌阁，"明月浮空，石光如练"，夜色如此美丽，引得"倾城阖户，连臂而至"，热闹非凡，虎丘山已成为民众休闲娱乐之最佳场所。

郑善夫《夜游虎丘记》更添景致，再次登临虎丘山，"踞千人石，藉草而坐，取憨泉而饮。"入千顷云阁，酝酿赋诗。

杨循吉《游虎丘寺诗序》认为，虎丘为郡中山中最有名者，故吴人经常游玩。"虎丘寺者，吴人之所恒游者也，有双石绝涧之胜，于郡中之山为最名者也。"山中有千人石、试剑石，有剑池之胜境。

徐源《茹思德虎丘志序》云："至阴雨终日，烟雾卷舒，吐吞异态，俨若蓬莱仙岛，隐约于云海之中也，诚吴邦一奇观。"可见虎丘山云雾之盛，蔚为壮观。景点有"憨憨泉、试剑石、白莲池、可月亭、剑池、陆羽之泉、五台千顷之阁，此其景之最胜者。"还有玉峰、虞山之幽。

张岱《虎丘中秋夜》所记中秋节游人如织，丝竹欢闹，杂艺百端。从暮至子时，声乐不断，人数渐繁。"自生公台、千人石、鹅涧、剑池、申文定祠下，至试剑石、一二山门，皆铺毡席地坐，登高望之，如雁落平沙，霞铺江上。"可见景致逐渐增多，人们的游兴越来越浓。

王鏊《虎丘复第三泉记》记载了虎丘泉的清理复出过程："今中泠、惠山名天下，虎丘之泉无闻焉。顾闭于颓垣荒翳之间，虽吴人鲜或至焉。"淹没于荒林之中，虽吴人亦不识。惟有中冷、惠泉名闻天下。"乃命撤墙屋，夷荆棘，疏沮洳，荒翳既除，厥美斯露。爰有巨石巍峙横陈，可数十丈，泉鬐沸漱其根而出。"清除掉荆棘荒草，疏导烂泥，终使泉水流出。"实洌且甘"，是说泉水甘洌。由此可知，美泉明世，亦是人为。虎丘井泉如此，茶未尝不如此。有美彰显，亦须因时因人。

王宠《试剑石赋》对虎丘山试剑石，尽言其成。"破纂辟，震訇割，号罔两于岩扃，飞火电之列缺，骇海山之巨灵，迸丹丘之鬼血。"破石须有利剑，此剑自不凡。"赤堇之精，耶溪之英，伉俪剪爪，百炼始成。"宝剑经过不断炼制，锋利无比，能够"十步去一人，千里不留行。"剑气如虹，用此宝剑方劈出明光剑石。

丁奉《虎丘赏月记》记月夜游生公台、阖闾墓、剑池、憨憨泉诸名胜之景致。中秋月明，四五友朋，相携览景，长天一碧，晴空万里，同醉言欢，入舟而眠，确实不错。

虎丘山成名既久，各朝文人赋文其间，使虎丘山成为世代休闲玩乐胜地。文人雅士穷其文藻，名工巧匠运其妙手，将虎丘山打造成为有文化、有历史、有美景、有名茶的胜地。山虽不高，但有奇花异树、石台月矶、剑池美泉、古寺名茶，随四时而变化，因游人而不同。人入其中，赏景看花，观泉品茶，无纷乱之烦心，享片刻之安宁；或赋诗，或成文，或歌咏，或弹琴，经历代而不衰，直今世更美仑。

虎丘山不大，故植茶地很少，茶故因稀而贵。历代对茶地描述极少，而对茶叶品饮叙述较多。茶亦因山而闻名，因文化而取胜。

二、茶

虎丘茶自明代始胜，亦因各地茶业之繁荣，茶叶加工技术的改进。明代炒青法逐渐推行，一改唐宋以来团饼茶一霸天下之局面。各地名茶迭出，相互比较之风大盛，名人雅士乐于其中，捕文捉字，作诗吟咏，从而出现了茶文化空前发展的形势，这对于名茶品质的不断提升大有好处。

（一）品质

对于虎丘茶的品质，历代文人评价不一。各人对茶叶排序虽是一家之言，非完全公允，但也能反映一些事实。褒贬不一的原因有：名茶代出，人们厌旧喜新，对新茶有偏好。名茶初起多精工细作，品质优故能赢得认可，或是因新工艺，品味异于以往，博人眼球。旧名茶或因管理，或因假冒者而品质转劣，故名声渐损。

明代张谦德《茶经》云："品第之，则虎丘最上，阳羡真岕、蒙顶石花次之，又次之，则姑胥天池、顾渚紫笋、碧涧明月之类是也。"将虎丘茶排在首位，认为其比蒙顶石花、阳羡茶、顾渚紫笋都要好。

詹景凤《明辨类函》云"四方名茶，江北则庐州之六安，江南则苏州之虎丘。"他认为江南茶以虎丘茶为最。

黄一正《事物绀珠》将虎丘茶排在雷鸣茶（应是蒙顶茶）、仙人掌茶之后。

陈继儒《农圃六书》云："茶品殊多，止就近地者衡之。虎丘为吴中第一，惜不多产。"亦认为吴中第一为虎丘茶。

屠隆在《茶笺》中对虎丘茶给予了高度评价，认为其为天下第一。"最号精绝，为天下冠。惜不多产，皆为豪右所据。寂寞山家，无繇获购矣。"虎丘茶因产量少并被豪右把控，外人无法购买得到。

高元濬《茶乘》则言："虎丘山窄，岁采不能十斤，极为难得"。看来产量确实很少。

王象晋《茶谱小序》云：“苏之虎丘，至官府预为封识，公为采制，所得不过数斤。岂天地间尤物生固不数数然耶。”言茶被官府控制，平常百姓难以问津。

由于所产甚少，很多时候以假乱真。卜万祺《松寮茗政》云：“虎丘茶，色味香韵，无可比拟。必亲诣茶所，手摘监制，乃得真产。且难久贮，即百端珍护，稍过时即全失其初矣。殆如彩云易散，故不入供御耶。但山岩隙地，所产无几，为官司禁据，寺僧惯杂赝种，非精鉴家卒莫能辨。明万历中，寺僧苦大吏需索，薙除殆尽。文肃公震孟作《薙茶说》以讥之。至今真产尤不易得。”对虎丘茶产量、品质、品评等事全面概括。炒茶寺僧多用它茶冒充，并且达到了“非精鉴家卒莫能辨”的程度。明万历中，寺僧将茶树除尽，虎丘茶不复存在。

明朝黄龙德《茶说》中评价虎丘茶，“而今则更有佳者焉，若吴中虎丘者上，罗岕者次之……其真虎丘，色犹玉露，而泛时香味若将放之橙花。”将虎丘茶至于罗岕茶之前，虎丘茶浸泡后香气如刚开放的橙花，汤色绿。“烹之色若绿筠，香若兰蕙，味若甘露，虽经日而色香味竟如初烹而终不易。”具体来说就是汤色绿，香气如兰，滋味如甘露，清爽滑润。“茶贵甘润，不贵苦涩，惟松萝、虎丘所产者极佳，他产皆不及也。”可知虎丘茶滋味甘润，没有苦涩之感。

《虎丘山志》记载虎丘茶：“叶微带黑，不甚苍翠，点之，色白如玉，而作豌豆香。”汤色白而有豌豆香，确实不同寻常。

虎丘茶能够得到众人赏识，确有品质独特之处，再加上文人相互追逐吹捧，可谓盛极一时。

1. 香气

明代袁宏道《西湖记述》对虎丘茶香气评价道：“大约龙井头茶虽香，尚作草气。天池作豆气，虎丘作花气。惟岕非花非木，稍类金石气。又若无气，所以可贵。近日徽人有送松萝茶者，味在龙井之上，天池之下。”其香气为花香，胜于龙井与天池，而稍逊岕茶。

张大复《闻雁斋笔谈》云：“故曰虎丘在豆气，天池作花气，岕茶似金石气，又似无气，嗟呼，此岕之所以为妙也。”虎丘茶为豆香，而岕茶香气似有似无，颇合道意，饮之益人。

明代李日华《紫桃轩杂缀》对虎丘茶品质评价道：“姑据近道日御者：虎

丘气芳而味薄，乍入盅，菁英浮动，鼻端拂拂，如兰初坼，经喉吻亦快然，然必惠麓水甘醇，足佐其寡薄。"好茶必借以好水才能发其香，显其味。李日华尊崇虎丘茶、龙井，认为松萝、天目品质稍差。

其《六研斋笔记》却说虎丘茶"馥郁不胜兰，止与新剥豆花同调"，即香气为豆花香。"有小芳而乏深味"，香气细小不长久；滋味"淡于勺水"，比松萝、龙井品质要差。造成李日华对虎丘茶品评不一的原因不明，有许多可能，或是品质变差，或是个人主观影响。

明代谢肇淛《西吴枝乘》品茶以香气为主，"淡而远"如武夷、虎丘为第一，松萝、龙井次之，因其香气浓，天池又次之。

2. 滋味

明代文震亨《长物志》中论："虎丘，最号精绝，为天下冠，惜不多产，又为官司所据，寂寞山家，得一壶两壶，便为奇品，然其味实亚于岕。天池出龙池一带者佳。出南山一带者最早，微带草气。"说虎丘产量少，滋味要亚于天池茶。

3. 汤色

熊明遇《罗岕茶记》云："尝啜虎丘茶，色白而香似婴儿肉，真精绝。"虎丘茶汤色白，香气为淡淡馨香。

清代《吴门表隐》曰："虎丘金粟房茶，色白嫩，香如兰蕙。"汤色白，香如兰花。

吴郡《虎丘志》亦言虎丘茶汤色"如月下白，其味如豆花香"。而虎丘茶越来越少，还有一个原因在于"官司征以馈远，山僧供茶一斤，费用银数钱。是以苦于赍送，树不修葺，甚至刈斫之，因以绝少。"山僧制茶费银多，苦于赍送，无利可图，所以懒于管理甚至砍伐殆尽。

上述众多文人都对虎丘茶赞不绝口，但对虎丘茶制作及茶园情况谈及甚少，不知何故。或是真虎丘茶确实很少，茶园极小，产量稀少才觉得珍贵，这也许是虎丘茶成名的一个原因。

（二）炒制

明朝王士性《广志绎》中谈到虎丘茶制法：

虎丘天池茶，今为海内第一。余观茶品固佳，然以人事胜。其采、揉、焙、封法度，锱而不爽。即吾台大盘，不在天池下，而为作手不佳，真汁皆揉而去，故焙出色味不及彼。

虎丘茶成为海内第一名茶，关键在于炒制之功，即采、揉、焙、封均有法度。可知当时爱茶者已从研究不同地理气候对茶叶的品质影响，转向重视炒制技术的研究。这也符合明朝开始重视对茶叶炒制技术的研究和探索的事实。

明代冯时可《茶录》对茶叶采造之法极为推崇，他认为：

> 故知茶全贵采造。苏州茶饮遍天下，专以采造胜耳。徽郡向无茶，近出松萝茶，最为时尚。是茶始比丘大方，大方居虎丘最久，得采造法。其后于徽之松萝结庵，采诸山茶于庵焙制，远迩争市，价倏翔涌，人因称松萝茶，实非松萝所出也……近有比丘来，以虎丘法制之，味与松萝等。

虎丘茶炒制之法确有可学之处，松萝茶因采用虎丘茶制法而"远迩争市，价倏翔涌"，成为一时之盛。因此借鉴吸收其他名茶炒制技术非常重要。

明代周高起《洞山岕茶系》亦记有"采制祖松萝、虎丘，而色香丰美，自是天家清供，名曰片茶。初亦如岕茶制，万历丙辰，僧稠荫游松萝，乃仿制为片。"可见松萝茶仿虎丘茶制作技术可取之处，遂成就又一方名茶。

徐渭《某伯子惠虎丘茗谢之》诗有"虎丘春茗妙烘蒸，七碗何愁不上升"之句，用蒸青法炒制虎丘茶，或是另一制作方法。

三、泉水

唐朝张又新《煎茶水记》将苏州虎丘寺石泉水列为第五，可见重视。

钟惺《虎丘品茶》云："水为茶之神，饮水意良足。但问品泉人，茶是水何物。饮罢意爽然，香色味焉往。"以虎丘水品虎丘茶，惬意爽然。

明代田艺蘅《煮泉小品》云："山居有泉数处，若冷泉，午月泉，一勺泉，皆可入品。其视虎丘石水，殆主仆矣，惜未为名流所赏也。"其意是说冷泉、午月泉、一勺泉品质，皆胜于虎丘石泉，可惜未被名家赏识，故不成名。

明代徐献忠《水品》亦云："陆处士品水，据其所尝试者，二十水尔，非谓天下佳泉水尽于此也，然其论故有失得。自予所至者，如虎丘石水及二瀑水，皆非至品。"是说虎丘石水品质变差。

清人陈鉴《虎丘茶经注补》记："虎丘石泉，自唐而后，渐以填塞，不得为上。而憨憨之井水，反有名。"虎丘石泉渐以填塞，或气候干旱所致。憨憨井水逐渐有名。

四、文化

虎丘山文化历史悠久，前面多有阐述。虎丘茶自明代之后声名渐重，诗文亦随之增多，可见文实相生。

明代王璲《赠天台起云禅师住虎丘种茶》云："种茶了一生，经纶入萌蘗。"写禅师在虎丘种茶之事。

罗光玺《观虎丘山僧采茶作诗寄沈朗倩》云："云摘手知肥，衲里香能度。老僧是茶佛，须臾毕茶务。"谈及山僧采茶之事，云雾未去，僧人开始采茶。

陈鉴《补陆羽采茶诗并序》云："陆羽有泉井，在虎丘，其旁产茶，地仅亩许，而品冠乎罗岕松萝之上。"茶园仅有一亩多，但品质优于罗岕与松萝（此二茶皆为当时名茶）。

陈鉴另《虎丘试茶口号》中有"携将第一虎丘品，来试慧山第二泉"，可谓豪气纵横。

明朝进士刘凤《虎丘采茶曲》较好地表达了对虎丘茶的热爱。"山寺茶名近更闻，采时珍重不盈斤。"虎丘茶名越来越响，但产量少。

吴士权《虎丘试茶诗》对虎丘茶叶描述为"虎丘雪颖细如针，豆荚云腴价倍金。"加工后的茶叶形如豆荚，夹杂的鳞片如针。

冯梦祯《快雪堂漫录》记载了品茶故事。徐茂吴品茶，虎丘茶为第一，"本山茶叶微带黑，不甚青翠，汤点之色白如玉，而作寒豆香"，然后为岕茶，再为天池龙井。

朱隗《虎丘采茶竹枝词》云："钟鸣僧出乱尘埃，知是监司官长来……官封茶地雨泉开，皂隶衙官搅似雷。"说明虎丘已成为官封茶地，茶开采之时，各个官吏都向寺僧索要。"茶园掌地产希奇，好事求真贵不辞。辨色嗅香空赏鉴，哪知一样是天池。"虎丘产茶地如巴掌大小，产量稀少，来寻求真品者不管多贵都很难买到，都是天池茶冒充的。

清人陈鉴为了表达对虎丘茶的喜爱，特意参照《茶经》篇目作《虎丘茶经注补》，对虎丘茶附议妄说。虽然有诸多牵强，但对我们了解当时虎丘茶的情况无疑是很好的参考资料。"虎丘茶园，在烂石砾壤之间。"这一句表明虎丘茶园处在烂石砾壤之间，用来印证《茶经》中"其地，上者生于烂石砾壤之间"之说。随后论及虎丘茶园西面为树林一片，在崖石南面，而茶树萌芽时为紫色，之后变绿。茶园面积仅有"手掌之地"，因其产量少，加之炒焙功夫好，故茶在文人及好著者的宣扬下"名于四海"。物以稀为贵，物因文而名，虎丘茶可为佐证。

论曰：虎丘少而贵，只因近城名。虎丘文韵深厚，名文雅诗颇多。近城之便，故游人不断。山小而人乱，茶少得安难。观景赏月，品茶嗅香，实人生之至味，清雅之绝配。茶少故贵，人性之常理，雅人颂咏，故能声名远扬。

第七节 龙 井 茶

《古今图书集成》记：龙井，本名龙泓。"龙井当西湖之西，浙江之北，风篁岭之上，深山乱石之间是也。"对龙井大体位置做了概括，龙井茶即产于此。又云："老龙井，有水一泓，寒碧异常。泯泯丛薄间，幽僻清奥，杳出尘寰，其地产茶，为两山绝品。"龙井茶优于别处，亦因其环境特殊。

一、生长环境

清代程淯《龙井访茶记》对龙井茶产地土壤进行调查，"龙井之山，为青石，水质略咸，含碱颇重。沙壤相杂，而沙三之一而强。"也就是说土壤为沙性土。"其色鼠羯，产茶最良。迤东迤南，土赤如血，泉虽甘而茶味转劣。故龙井佳茗，意不能越此方里以外，地限之也。"产茶最好的地在方里之内，土壤颜色为鼠羯。

龙井茶何以出名，他总结了三个原因。一是"龙井茶之色香味，人力不能仿造，乃出天然。"意思是龙井茶具有典型的地域特色，别的地方不能仿造。即使按照龙井茶的制作工艺加工，不是龙井本处的茶鲜叶也制不出龙井茶，这是从原材料方面来说的。二是"无非常之旱涝"，可谓雨水充足，不旱不涝，故茶树生长条件好，物质转化充分，这是从气候因素来说的。三是"物以罕而见珍"，即物以稀为贵。龙井山未有成片之茶园，茶树多种于山巅石隙和路隅间，且每处只有几棵，所以产量较少。另外，还有乾隆皇帝对龙井茶的肯定，这也是很重要的原因。

陈仁锡《西湖月观纪》云："龙井之上，为老龙井。人烟旷绝，一泓寒碧杯大海。块长江西湖如须发，诸峰膝行，匍伏仅见，天目翔舞。一带人家，茫茫烟云，海气烟霞，石屋十里，桂花扑人。游裾道旁，狼籍乱插枝头，士女贱如土已。"老龙井周围西湖相伴，诸峰矗立，云烟缭绕，桂花飘香，确是世外幽静之地。

明代田艺蘅《煮泉小品》中言及龙井茶："今武林诸泉，惟龙泓入品，而茶亦惟龙泓山为最。盖兹山深厚高大，佳丽秀越，为两山之主。"在杭州诸山以龙泓山产茶最好，其山深厚高大，佳丽秀越，为两山之主。

于若瀛《龙井茶》诗对当时龙井环境有粗略描述："飞流密汩写幽壑，石磴纤曲片云冷。挂杖寻源到上方，松枝半落澄潭静。"泉水潺潺，曲径通幽。在岭上有澄潭，松树掩映。而"漫道白芽双井嫩，未必红泥方印嘉。"此时龙井茶还不是贡茶。并且龙井茶"一串应输钱五万"，价格亦是不菲。

屠隆《龙井茶歌》有"此山秀结复产茶，谷雨霖霖抽仙芽"之句，春暖较晚，谷雨时刚抽芽，山秀故产仙品。

清乾隆《坐龙井上烹茶偶成》有"寸芽出自烂石上，时节焙成谷雨前"之句，龙井茶出自烂石之上，亦与《茶经》相符合。谷雨之前春茶就已加工好，看来朝代不同季节亦有所变化。

清代翟瀚《龙井采茶歌》记："西湖西去古龙井，烟云秀孕风篁岭。"风篁岭里产好的龙井茶。

大体而言，龙井靠近西湖胜景，游人慕名者甚多，览兴之余，看景品茶亦是一快事。周围山峦环绕，为营造小气候创造了条件。再加土壤适宜，水流不断，花草树木蓊葱，龙井茶品质不俗亦是天成。

二、茶

(一) 产量少

明代屠隆《茶笺》说道龙井产茶处仅有十数亩，并且"山中仅有一二家炒法甚精"。因此，真龙井茶亦很稀少。

明代陈继儒《农圃六书》有"龙井不过数十亩，此外皆不及"之说，可见产量很少。

清代陈子《花镜》亦云"如虎丘龙井，又为吴下第一，惜不多产。"茶以少为贵，靠近城市，故人多至，名易传。

近代徐珂《清稗类钞》："龙井茶叶，产于浙江杭州西湖风篁岭下之龙井。状其叶之细，曰旗枪，有雨前、明前、本山诸名，然所产不多。井之附近所产者亦佳。"介绍了龙井茶的几种品类，且品质不错。

(二) 品质

《钱塘县志》记："茶出龙井者，作豆花香，名龙井茶，色青味甘。"龙井茶干茶颜色深绿，泡出的茶汤滋味甘，香气为豆花香。这是龙井茶的主要特点。

《湖壖杂记》云：龙井"产茶作豆花香，与香林、宝云、石人坞、乘云亭者绝异，采于谷雨前者尤佳。啜之淡然，似乎无味，饮过后，觉有一种太和之气弥沦乎齿颊之间，此无味之味，乃至味也。"虽然好像无味，但觉有一种太和之气，给人舒服之感。朱熹认为，"太和之气"应是阴阳和谐之气，茶不冷不暖，不苦不涩，不甘不洌，合乎中正，无味而有味。

明代袁宏道《西湖记述》云："大约龙井头茶虽香，尚作草气。天池作豆气，虎丘作花气。"在袁宏道看来，龙井头茶虽香但不纯正，犹有草气，恐非采制不工，或是地气使然。

谢肇淛《西吴枝乘》记："余尝品茗，以武夷、虎丘第一，淡而远也。松萝、龙井次之，香而艳也。天池又次之，常而不厌也。"在他看来，龙井茶以香艳称，即外形好看，香气不俗。

明代文震亨《长物志》云："龙井、天目，山中早寒，冬来多雪，故茶之萌芽较晚，采焙得法，亦可与天池并。"此时的龙井产地冬季有雪且寒，故品质有异。

陈仁锡《潜确类书》则将龙井茶与虎丘茶、罗岕等当时的名茶并列，可见重视。"今则吴中之虎丘、天池、伏龙，新安之松萝、阳羡之罗岕、杭州之龙井、武夷之云雾，皆足珍赏。"

诗人高应冕《龙井试茶》道："茶新香更细，鼎小煮尤佳。"是说龙井茶香气细小，为清香。

清代程淯《龙井访茶记》亦说"真者极难得"。因为"龙井地既隘，山峦重叠，宜茶地更不多。溯最初得名之地，实维狮子峰，距龙井三里之遥，所谓老龙井是也。"也就是说适合茶树生长的地并不多，最初出名是因为狮子峰即老龙井。而据李敏达《西湖志》记，胡公庙前所产茶为贡茶，"地不满一亩，岁产茶不及一斤"，为无上之品，可说是此处最好的茶叶。其"叶厚味永，而色不浓。佳水瀹之，淡若无色。而入口香洌，回味极甘。"叶厚，内所含物质必多，泡出的汤色很淡，但入口香甜甘爽，回味无穷。

袁枚《随园食单》云："杭州山茶，处处皆清，不过以龙井为最耳。每还乡上冢，见管坟人家送一杯茶，水清茶绿，富贵人家所不能吃也。"龙井茶，水清茶绿。

孙同元《永嘉闻见录》却云："家乡龙井芽茶，虽香色并美，而味却甚淡。"龙井茶滋味淡，内含物质少而纯粹，故色香并美，或不是真龙井茶亦未可知。

三、泉水

西湖之泉水，以虎跑泉和龙井水为佳。

明代高濂《四时幽赏录》云："西湖之泉，以虎跑为最。两山之茶，以龙井为佳。谷雨前，采茶旋焙，时激虎跑泉烹享，香清味冽，凉沁诗脾。每春当高卧山中，沉酣新茗一月。"茶与泉相得益彰，各扬其名。谷雨前采制龙井，至一月后结束，烹泉煮茗赏景，其乐无穷。

李日华《竹懒茶衡》云："龙井味极腆厚，色如淡金，气亦沉寂，而咀唼之久，鲜腴潮舌，又必藉虎跑，空寒熨齿之泉发之。然后饮者领隽永之滋，而无昏滞之恨耳。"龙井茶以滋味取胜，香气欠佳。借助虎跑泉水，方能苦味回甘，香气不滞。亦是龙井产地低下所致，故浊气多、清气少，浊则昏滞不清。

《古今图书集成》载："龙井泉，既甘澄，石复秀润。流淙从石涧中出，泠泠可爱，入僧房，爽垲可栖。"泉从石出，泉水甘甜明亮，清冽可人。"井在殿左，泉出石罅。甃小圆池下，复为方池承之。池中各有巨鱼，而水无腥气。"龙井池有圆、方两个，圆池在上，方池在下。水中有鱼却无腥气，亦甚奇哉！

又云："皇明正统十三年，中贵李德驻龙井，暑旱，令力士淘之。初得铁牌二十面，玉佛一枚，金银各一锭。凿大宋元丰二年。后得此石，以八十人拽出之，上有神运二字，傍多款识，漫漶不可读，不知何代所镂也。继得铁牌十五面，银二条，上凿吴赤乌年号。"可见历史悠久，确有灵异之处。

秦观曾游龙井，并对龙井泉水大家赞誉，在《游龙井记》中赞曰："美如西湖，……壮如浙江，……受天地之中，资阴阳之和。"是说龙井水兼有美、壮，阴阳相和，可谓深有灵性。

四、文化

明代冯梦祯《快雪堂漫录·品茶》记载一则故事，极言真龙井品质之异。"昨同徐茂吴至老龙井买茶，山民十数家各出茶。茂吴以次点试，皆以为赝。曰，真者甘香不冽，稍冽便为诸山赝品。得一、二两以为真物，试之，果甘香若兰。而山人及寺僧反以茂吴为非，吾亦不能置辩，伪物乱真如此。"真伪混杂，非名家不能鉴赏。真品极少，甘香不冽，香气若兰。其他名家所尝龙井茶或许真伪不一，故评价不同。

徐珂《清稗类钞》记："杭州龙井新茶，初以采自谷雨前者为贵，后则于清明节前采者人贡，为头纲。颁赐时，人得少许，细仅如芒。沦之，微有香，而未能辨其味也。"季节对茶叶品质有很大影响，龙井以谷雨前者为佳。

乾隆《观采茶作歌》曰：今日采茶我爱观，吴民生计勤自然。云栖取近跋山路，都非吏备清哗处。无事回避出采茶，相将男妇实劳劬。嫩荚新芽细拨挑，趁忙谷雨临明朝。雨前价贵雨后贱，民艰触目陈鸣镳。由来贵诚不贵伪，嗟哉老幼赴时意。敝衣粝食曾不敷，龙团凤饼真无味。"对茶农之艰辛深有怜悯。

论曰：靠近西湖胜，赢得帝王幸。龙井名取曲折盘旋，源源不断之意，亦是寓谶机在其中，得遇真龙方逞八方之志。乾健不断，方能飞龙在天。其茶产地虽无高山清秀之貌，或得灵地之妙，而龙井茶之名实得于龙井水之胜。游人歌咏不断，四方云集，多方传颂，亦是人力所致。

第八节　碧螺春茶

古之山皆有人游，山奇特故人流连忘返。洞庭山屹立于太湖之中，集山水灵气于一身，吸引众人纷纷登临。左思《吴都赋》有"指包山而为期，集洞庭而淹留"之句，洞庭之美西晋时就已闻名。

一、生长环境

唐朝皎然《送顾道士游洞庭山》有"见说洞庭无上路"之句，说明洞庭山人烟较少，还没有路可以上去游览。"含桃风起花狼藉"，则言桃花飞舞，应是春季。

北宋王禹偁在《桂阳罗君游太湖洞庭诗序》中对洞庭之状作了描述。

> 造化之功，功大而不自伐，故山川之气出焉，为云泉，为草木，为鸟兽，必异其声色，怪其枝叶，奇其毛羽，所以彰造化之迹用也。山川之气，气形而不自名，故文藻之士作焉，为歌诗，为赋颂，为序引，必丽其词句，清其格态，幽其旨趣，所以状山川之梗概也。

王禹偁所言云泉、草木、鸟兽均为山川之气所出。百物由山川之气所成，但却"不自名"，故文人为其命名并为歌赋。所以文化的形成在于人的制定和规范，物开始都没有名，给它起一个名以便辨识和区别，后人再依此扩大，即"丽其词句，清其格态，幽其旨趣"。此说与张载气学相同。

又云："太湖之为水也，亚于海而狎于众流；洞庭之为山也，卑于岳而秀于群峰。"洞庭山位于太湖之中，比周围群峰秀丽。

明代王鏊《登莫釐峰记》云："两洞庭分峙太湖中，其峰之最高者，西曰缥缈，东曰莫釐。"洞庭湖中分东西两山，东山以莫釐峰为最，西山以缥缈峰为最。他在《洞庭两山赋》中对两山形态歌咏之极："东山起自莫釐，或腾或倚，若飞云旋飙，不知几千百，折至长圻，蜿蜒而西逝。西山起自缥缈，或起或伏，若惊鸿翥凤，不知几千万，落至渡渚，回翔而北折。"两山跌宕起伏，相对而立，宛如两龙，吞波吐雾。山中有柑橘、杨梅、银杏、梨、茶、竹、梅等，物产丰富。

"其石则岌薜嶙峋，瘦漏嵌空……其泉则困沦鬐沸，甘寒澄碧……星应五车，地绝三斑，卢橘夏熟，杨梅日殷，园收银杏，家种黄柑，梅多庾岭，梨美张谷，雨前芽茗，蛰余萌竹。"对两山之形态描述，奇石林列，泉水甘碧，物产丰富，有卢橘、杨梅、银杏、梅、梨、茗、竹等。

赵怀玉《游洞庭两山记》记游洞庭两山之过程，洞庭西山有包山、林屋洞、罗汉坞、毛公坛、石公山，而石公山"幽崖诡石，无以穷其状，客尝游黄山，谓此山之胜，其奇者黄山殆不及也。"石公山之奇秀比黄山有过之而无不及，可以想象其情致。洞庭东山有莫釐峰、箬云庵、翠峰寺。

姚希孟《王文恪洞庭游记跋》对洞庭两山作对比，"东洞庭似西山而小，莫釐似缥缈而卑"，东洞庭山要小于西洞庭山，两山最高峰以西山缥缈峰为最。

洞庭两山虽处一湖，而风景各异，气候有别。

（一）洞庭东山

文徵明《游洞庭东山诗序》中谈到自己用五日却不能周览东山群胜，这说明东山名胜甚多，山之可看处甚多。

明末清初书画家、文学家归庄《洞庭山看梅花记》中云："吴中梅花，玄墓、光复二山为最胜……洞庭梅花不减二山，而僻远在太湖之中，游屐罕至。"意指洞庭山梅花亦是好看，只是地处偏远，不方便游览罢了。东山梅花最盛、最美，有红白多种，梅园有多处，包括郑薇令之园、长圻梅花（含李湾、能仁寺）、西方景览胜石、西湾骑龙庙等，正月十七已开放，芳气袭人，花下饮酒、弈棋亦为乐事。其中又以长圻梅花最好看，"盖长圻梅花，一山之胜也"。而树尤古，多苔藓斑剥。晴日微风，飞花满怀……临池数株，绿萼、玉叠、红白梅相间，古干繁花，交映清波。"则梅树各具情态，美不胜收。

（二）洞庭西山

唐代皮日休《太湖诗·包山祠》对山中包山祠甚有兴趣，祠设在"白云最深处。""村祭足茗栅，水奠多桃浆。"祭祀用茶、米类如粽子、桃浆，说明山上或已产茶。周围有薜荔和杉桂，竹或高草突出于石砌之上，废弃的墙壁上爬满薜荔。炉灰冷冷，风送来杉树与桂花发出的香气。

北宋程俱《左湖采石赋》序文曰："建中靖国元年（公元 1101 年，宋徽宗年号），以修奉景灵西室，下吴兴、吴郡采太湖石四千六百。而吴郡实采于包山。"太湖石因多孔、玲珑剔透而闻名。北宋徽宗时，更是派官吏采太湖石四千六百用于点缀装饰之用。劳民伤财，但包山因此而成名。

北宋词人苏舜钦曾游苏州洞庭山，并作《苏州洞庭山水月禅院记》。水月院早建于梁，天佑四年为明月院，后改名为水月院，庙旁有澄泉。洞庭山以种桑栀甘柚为主，民风淳朴，人们恬然自得。记中对缥缈峰的描述是"上摩苍烟"，说明峰高云雾多。山水月禅院即在峰下，"阁殿甚古，象设严焕"，看来由来已久。"旁有澄泉，洁清甘凉，极旱不枯，不类他水。"泉应出自山上，山秀泉必佳。

明代高启《姑苏杂咏·洞庭山》对洞庭山描写甚详："洞庭缥缈两峰出，正似碧海浮方壶。"洞庭山以缥缈峰为最盛，如碧海中之方壶。而"石气五月寒肌肤"说明山中五月仍有寒意。山中还有"林屋仙所都"。洞庭山浮于太湖之上，青山倒映，孤云闲游。涛声阵阵，五月犹寒。桔柚满山，沙鸟霜猿。

陶望龄《游洞庭山记》亦云："登缥缈峰之日，日色甚薄，烟霭罩空，峰首既高绝，诸山伏匿其下，风花云叶，复覆护之……仰而视白云，如冰裂，日光从罅处下漏，湖水映之，影若数晦，大圆镜百十，棋置水面。"缥缈峰最高，烟霭笼罩，花叶相拂，空气清新。湖面水平如镜，云映湖中，影若数炉。

清代沈彤《游包山记》云："太湖之峰七十二，名者八九，包山最著。包山之胜数十，名者六七，石公最著。"意思是说太湖中山峰以包山最为著名，包山中又以石公山景色最优。碧螺峰在林屋山东北，"峰拔层峦之中，色苍翠而旋上"，形似碧螺。峰巅奇石怪立，"若翔，若集、若昂、若俯、若蹲、若跳"。在峰顶遥望，"曲涧带阜，松柏竹木交荫其上，绵延数里，荟蔚蓊郁，湖风恬静，波伏不兴"，煞是好看。

洞庭碧螺春茶产自西山。碧螺峰石多土少，石形状各异，西北无石，东南多石。站在山巅远眺，山岗上高殿点缀，涧水环绕，松柏竹木茂盛，绵延数里。湖中水波不兴，扁舟数只。同时有白云、红霞照映，煞是好看。

清代潘耒《游西洞庭记》云:"下有精舍,啜茗小休,下观云梯、联云嶂,皆峭壁屏立,作劈斧皴,迥非一拳一笏者比。"洞庭西山之石像用斧劈开的一样。

洞庭山产茶历史悠久,自唐朝时就已成名。陆羽《茶经》(宋朝蓝本注)中记"浙西产茶,以湖州顾渚上,常州阳羡次,润州傲山又次,苏州洞庭山下。"苏州洞庭山指西山。北宋乐史《太平寰宇记》云:"洞庭山,⋯⋯山出美茶,岁为入贡。"

北宋书学理论家朱长文《图经续记》有"洞庭小青山坞出茶,唐宋入贡"之说。宋代文学家苏舜钦有诗:"水月开山大业年,朝廷敕额至今存。万株松覆青云坞⋯⋯小青茶熟占魁元。"此时水月茶仍然入贡,青云坞有松树覆盖,梨花开遍。

二、茶

(一) 茶名由来

清代王应奎《柳南续笔》记载了碧螺春茶名的由来。

> 洞庭东山碧螺峰石壁,产野茶数株。每岁土人持竹筐采归,以供日用。历数十年如是,未见其异也。康熙某年⋯⋯而土人朱元正,独精制法,出自其家,尤称妙品,每斤价值三两。己卯岁,车驾幸太湖,宋公购此茶以进。上以其名不雅,题之曰碧螺春。自是地方大吏,岁必采办,而售者往往以假乱真。元正没,制法不传,即真者亦不及早时矣。

碧螺春茶产自洞庭东山,由朱元正精制,清康熙皇帝赐名,此后成为每年必贡之物。而制法不传,故品质渐差。

(二) 两山碧螺春茶

清代戴延年《吴语》记:"碧螺春产洞庭西山,以谷雨前为贵⋯⋯色玉香兰,人争购之。"碧螺春茶应是洞庭东、西山共用一名,洞庭西山所产茶亦为碧螺春,盖借碧螺春之声名。其品质佳,故人争相购买。

清代王维德《林屋民风》亦云:"茶出洞庭包山者,名剔目,俗多细茶。出东山者品最上,名片茶,制精者价倍于松萝。"洞庭包山细茶又名剔目。东山最好的为片茶,远贵于松萝。此两种茶名又在碧螺春之外,可能亦是为了扩大品类,便于销售。

清代方武济《龙沙纪略》云："茶自江苏之洞庭山来，枝叶粗杂，函重两许，值钱七八文，八百函为一箱，蒙古专用，和乳交易，与布并行。"洞庭茶亦有粗茶，价格不高，主要用于边贸交易。

碧螺山处于太湖之中，水烟缭绕，颇似仙境，尤其以洞庭西山缥缈峰为最。"缥缈"取其云烟环绕不定之意。太湖之美早有传，故历朝游人不断。另外，特产丰富，太湖石天下闻名，宋代成为灵石供应地。所谓灵地出异产，茶叶品质亦有特色。自唐代入贡，至清代皇帝亲自更名碧螺春，更是声名鹊起，从此不菲。

论曰：太湖蕴奇葩，石上生碧螺。太湖之中，两山相望，奇石涌浪，云蒸霞蔚，花香飞逸，茶芽无尘，故有临江仙人之姿，缥缈相和之味。

第九节　松萝茶

松萝为地衣松萝科植物，是很好的药材，有清肝化痰、止血解毒之效。陶弘景云："松萝，东山甚多，生杂树上，而以松上者为真。"松萝山松多，松萝亦应不少，故山以松萝为名。"百滩春水色，万壑古松香"应是不谬。松萝山开始并不植茶，后虽种植，茶园亦很少。但其依靠加工技术，打造成一方之品，个中妙理值得好好体悟。

一、生长环境

（一）地形

《江南通志》对松萝山有描述："休宁县北十三里，俗名金佛山。蜿蜒数里，如列屏障于县治之后。山巅片壤产茶，为天下最。"松萝山在安徽休宁县，俗称金佛山。在山顶有一块地产茶，不大，但品质不凡。

至于松萝山的环境，清代江澄云《素壶便录》中有言：山并不高，只有"高百六十仞"，不到 400 米。"峰峦攒簇"，秀气无比。山多石并且石壁峭立，"茶柯皆生土石交错之间"，为《茶经》之烂石地，故产茶"清而不瘠"。"清"说明山气清洁灵动，所以茶叶香气不杂，并且长久。"不瘠则味腴"，土壤不缺乏物质才会使茶树正常生长，并且滋味甘醇。有好的原材料，再加上精湛炒工，茶叶自然要优于他处。

明代程敏政《约友人游松萝山》言其大略："松萝山色望中青，云里炊烟鸟外亭。胜日与君先订约，涧舷同泛水泠泠。"山上云烟弥漫，树木青葱，涧水不断。

（二）植被

松萝山上以松树最多，这在诗文中都有记述。

止庵法师在《送僧还松萝山》诗中有"百滩春水色，万壑古松香"之句，可知松萝山松树众多当不为虚。

明代徐勃《茗谭》亦有所云："余尝至休宁，闻松萝山以松多得名，无种茶者。《休志》云：远麓有地名榔源，产茶。山僧偶得制法，托松萝之名，大噪一时，茶因涌贵。僧既还俗，客索茗于松萝司牧，无以应，往往赝售。然世之所传松萝岂皆榔源产欤？"松萝山上松树多，故名松萝，但并没有茶园，所谓的松萝茶是用榔源所产茶加工而成的，并假冒松萝茶。此文看来应是松萝茶成名之后的事，不然何以要假冒？

二、制作

明代罗廪《茶解》云："松萝茶出休宁松萝山，僧大方所创造。其法，将茶摘去筋脉、银铫妙制。今各山悉仿其法。真伪亦难辨别。"松萝茶产地为安徽休宁松萝山，由僧人大方创造制茶方法，并且非常成熟，"制茶法甚具"。各山用其法仿制者很多，故真假很难辨别。

明代冯时可《茶录》记述了松萝茶炒制方法是学习虎丘茶的制法：

> 苏州茶饮遍天下，专以采造胜耳。徽郡向无茶，近出松萝茶，最为时尚。是茶始比丘大方，大方居虎丘最久，得采造法，其后于徽之松萝结庵，采诸山茶于庵焙制，远迩争市，价倏翔涌，人因称松萝茶，实非松萝所出也。是茶比天池茶稍粗，而气甚香，味更清，然于虎丘能称仲，不能伯也。松郡佘山亦有茶，与天池无异，顾采造不如。近有比丘来，以虎丘法制之，味与松萝等。

炒制之功对提升茶叶品质至为关键。苏州茶与松萝茶都因加工得法而成名，松萝茶制作方法始作者为僧大方，他用虎丘茶制作方法制作松萝茶，品质优异，远近闻名，故价高奇缺。但由于松萝山并没有茶树栽种，故茶叶来自附近诸山，非松萝山所产。虽炒法相同，但炒出的茶叶品质不同，差于虎丘茶。这说明，茶叶的内在品质是炒好茶的第一要素。松萝茶粗于天池茶，但香气高，滋味纯正，有清和之气。

对于具体炒制技术，明代闻龙《茶笺》有详细记载："茶初摘时，须拣去枝梗老叶，惟取嫩叶；又须去尖与柄，恐其易焦，此松萝法也。炒时须一人从傍扇之，以祛热气。否则黄色，香味俱减，予所亲试。扇者色翠，不扇色黄。炒起出铛时，置大磁盘中，仍须急扇，令热气稍退，以手重揉之；再散入铛，文火炒干入焙。盖揉则其津上浮，点时香味易出。"松萝茶所用原料为嫩叶，并且去尖与柄，此之谓"去筋脉"。炒时不断用扇散热，以利于保存茶叶的色香味。

清代黄凯钧《遣睡杂言》亦记载松萝茶制法：

> 松萝去尖 松萝之上者，名园方。叶皆去尖。予初谓茶取嫩，而去尖何耶？后遇一制茶僧，询其故，曰：茶之香，惟在焙者火候得宜耳。茶叶尖者太嫩，而蒂多老，至火候匀时，尖者已焦而蒂尚未熟，二者杂之，茶安得佳制。松萝者每叶皆摘去其尖蒂，但留中段，故茶皆一色。而功力烦矣，宜其价之高也。

他解释了松萝茶去尖的原因，因为尖太嫩，蒂又老，故火候不易控制。去除二者，只留中间，茶色均匀，火候易控，故茶叶品质佳。现今的六安瓜片好像取法于此。

明代程敏政曾游松萝山，并记之为《约友人游松萝山》，在其中讲述了游松萝山并利用所学炒茶方法制茶及品茶的过程。作者用茶僧所传制茶法，炒出的茶叶"色白而香，仿佛松萝。""近采诸梁山制之，色味绝佳，乃知物不殊，顾腕法工拙何如耳。"其意思是说加工方法的重要，但不重视原料之说恐非不确。

明代谢肇淛《五杂俎》记："今茶品之上者，松萝也，虎丘也，罗岕也，龙井也，阳羡也，天池也……余尝过松萝，遇一制茶僧，询其法，曰，茶之香，原不甚相远，惟焙者火候极难调耳。"从中可以看出，对松萝茶之喜爱，其认为茶品第一，并且炒制之功在于火候得当。

三、茶

对于松萝茶，明代之后记述颇多，这些史料对于我们了解松萝茶的发展过程很有帮助。

（一）茶类

《徽州府志》记有"茶产于松萝，而松萝茶乃绝少，其名则有胜金、嫩桑、仙芝、来泉、先春、运合、华英之品；其不及号者，为片茶，八种。近岁茶名，细者有雀舌、莲心、金芽，次者为芽下白、为走林、为罗公，又其次者为开园、为软枝、为大方，制名号多端，实皆松萝种也。"对松萝茶种类介绍得很详细，细茶分三等，最次者为片茶，而真松萝茶很少。

《随见录》云松萝茶："近称紫霞山者为佳，又有南源、北源名色。其松萝真品殊不易得。"松萝诸山，以紫霞山、南源、北源为好，但松萝真品很难得。

松萝茶在明朝可谓名噪一时，明代谢肇淛《五杂俎》中将其置于首位，"今茶之上者，松萝也、虎丘也、罗岕也、龙井也、阳羡也、天池也。"

明代文震亨《长物志》记："十数亩外，皆非真松萝茶，山中仅有一二家炒法甚精，近有山僧手焙者，更妙。真者在洞山之下，天池之上，新安人最重之；两都曲中亦尚此，以易于烹煮，且香烈故耳。"真松萝茶香气浓烈，品质"在洞山之下，天池之上"。但真茶很少，以山僧炒法为妙。

清代赵吉士《寄园寄所寄》云："松萝茶擅名天下，实则惟山顶一片，香甘异他产。余皆北源茶冒名松萝者也。松萝产茶，不过数觔，而官司采取，山民病之，并将绝其种类。噫，天下之名，非其实者，又岂独一松萝茶哉。"赵吉士认为好茶需要一定的适宜条件，能符合条件者并不多，松萝茶亦是如此。山顶产茶，香甘异于他处。

江登云《素壶便录》云："茶以松萝为胜，亦缘松萝山秀异之故。山在休宁之北，高百六十仞。峰峦攒簇，山半石壁且百仞，茶柯皆生土石交错之间，故清而不瘠。清则气香，不瘠则味腴；而制法复精，故胜若他处产者。"他认为松萝茶生长环境造就其香清味腴。再加上制作技术比其他茶制法更加精细，在工艺上有所创新，故品质迥异。

江登云《橙阳散志》则言："今所谓松萝，大概歙之北源茶也，其色味较松萝无所轩轾。"可见松萝茶多用他山之茶料加工，而品质相差不多。

(二) 品质

对松萝茶的品质评价，历代褒贬不一，除了品者主观原因之外，所品茶的标准不一也是主要原因，再加上松萝茶真伪混杂，故很难断定孰是孰非。

明代黄龙德《茶说》谈及松萝茶成名之后，仿冒者颇多。真松萝"烹之色若绿筠，香若兰蕙，味若甘露。"汤色淡绿，香气如兰，滋味甘醇。并且茶汤能够长时间保持不变，这也是区分是不是真松萝茶的方法，假的松萝茶如宣池茶，汤色很快就会变成"昏黑"。他又说"茶贵甘润，不贵苦涩，惟松萝、虎丘所产者极佳，他产皆不及也。"看来松萝茶滋味是"甘润"，不苦涩。

张大复《雁闻斋笔谈》却云："松萝茶有性而无韵，正不堪与天池作奴，况岕山之良者哉。"松萝茶不如天池茶，更比不上岕茶。

李日华《紫桃轩杂缀》亦云："松萝极精者，方堪入供，亦浓辣有余，甘芳不足，恰如多财贾人，纵复蕴藉，不免作蒜酪气。"最好的松萝茶亦少芬芳之气，滋味有苦涩，气韵欠佳。

谢肇淛《西吴枝乘》曰："余尝品茗，以武夷虎丘第一，淡而远也。松萝、龙井次之，香而艳也。"谢肇淛品茶以香气为主，武夷茶、虎丘茶为第一，松萝茶、龙井茶次之，因其香气浓。看来，他喜欢茶香淡而长。

明代袁宏道《袁中郎全集》有："近日徽有送松萝茶者，味在龙井之上，天池之下。"清代冒襄《岕茶汇抄》云："计可与罗岕敌者，唯松萝耳。"从上可以看出，松萝茶品质确有独胜之处。

吴从先《茗说》介绍得更详细，"色如梨花，香如豆蕊，饮如嚼雪。种愈佳，则色愈白，即经宿无茶痕，固足美也。"松萝茶色如梨花，香气如豆香。茶汤长时间不变色，品质确实不错。

同一时期不同人对松萝茶的品质评价不一，或许与他们品尝的非同一茶有关，或是仿冒，或是产地不同、茶园不同，茶叶滋味自然不同。

清代刘鉴《五石瓠》对松萝茶评价亦高："品题闵氏之茶，其松萝之禅乎？淡远如岕，沉著如六安，醇厚如北源朗园，无得傲之，虽百碗而不厌也。"松萝茶兼有岕茶、六安及北源朗园茶的优点，虽饮百碗而不厌。

清代张英《饭有十二合说》云："茗以温醇为贵，岕片、武夷、六安三种最良。松萝近刻削，非可常饮，石泉佳茗，最是清福。"松萝茶品质变差。

对于松萝茶，清代宋永岳《亦复如是》中之说过于神秘："茶在松桠，系鸟衔茶子，堕松桠而生，如桑寄生然，名曰松萝，取茑与女萝施于松上意也。复叩其摘采之法，僧以杖叩松根石罅而呼曰，老友何在，即有二、三巨猿跃至，饲以果，猿次第升木采撷下。"意思是说因茶树长于松树枝桠上，与松树一同生长，故称为松萝茶，而茶叶采摘却只能找训练好的猴子帮忙。经其渲染，松萝茶变得更加珍奇无比。此说显然经不起推敲，权供谈资。

论曰：炒工应绝伦，松萝茶遂名。松萝山本无茶树，而能成一方之名，炒工技法自是超绝。鲜叶采于它山，纯以技法取胜，可见茶技异于凡类，故能夺人鼻目。然它山之茶内在品质亦应不差，方能成为美谈。

第十节　六安霍山茶

据《野客丛谈》云："南岳有三，一衡阳之衡山，二庐江之霍山，三舒州之灊（潜）山。汉武帝以衡阳辽旷，故移其神于庐江。今土俗皆号为南岳。"实际上南岳山有二：一是湖南衡山。而庐江之霍山，与舒州之灊（潜）山其实是一山，统称为霍山。汉武帝时因为衡阳南岳较远，不方便祭祀，故将祭祀设于霍山。按《南岳记》云："衡山五岳之南岳也，至于轩辕，乃以潜霍之山为副焉。"轩辕帝时，以衡山为五岳之南岳，潜山（霍山）为副。汉武帝因衡山路远，故将祭祀设于潜山，可知将祭祀设于霍山亦是古已有之。隋朝之后，将衡山确定为南岳，霍山不再称南岳，延续至今。如今南岳则专指衡山。

按《安庆府志·山川考》："灊（潜）岳在灊山县，西北二十里，其山有三：一曰雪山，又名天柱；一曰灊山；一曰皖山。"潜山有三峰：天柱（雪山）、潜山（潜岳）、皖山。霍山自北向西南延伸，山势雄险，断崖绝壁，如屏如立。上达九霄，下揽无余。瑰奇秀丽，不可名状。以潜山最奇，天柱峰最高。

《风俗通义》云："五岳……霍者，万物长盛，垂枝布叶，霍然而大也。"霍山之由来，在于万物兴盛，山势雄伟。霍山被定为祭祀之山，因其灵异，故世俗之人不敢冒犯，历代游者很少，诗文亦鲜。其中所产茶最为有名，自唐代已有，明朝后贡茶盛。

一、生长环境

对于霍山，皮日休曾作《霍山赋》。霍山有南岳之称，先赞："霍山之灵哉！"霍山不但高、尊，还具有灵、德。对霍山之高，言"千仞万仞，苍苍茫茫，日月相避其光，望之数百里外，为天栋梁。"

对霍山之尊，言"端然御极，耸然正位，静然而听，凝然而视。其体当中，如君之毅。其属者如骈其拇，如枝其指。若卑其仪，若肃其位。"意思是说霍山具有君主之威仪，其他小山像其臣子般肃然而立。

对霍山之灵，却说"若雨用淫，岳能霁之。若岁用旱，岳能泽之。"霍山四季不涝不旱。

对霍山之德，曰："生之，育之，煦之，和之。"有孕育万物之德。山中泉水不断，奇石纵横，其中气象，"其秀如春，其清若秋。其翠如云，云不能丽。其色如烟，烟不能鲜。若雨收气爽，丹青满天。"春天秀丽，秋天清正，夏天翠绿，可谓山青气秀。

《霍山县志》中云："大抵山高多雾，所产必佳，以其得天地清淑之气，悬崖石罅，偶得数株，不待人工培植，尤清馨绝伦。"说明霍山多雾，并且得天地清淑之气，而生于"悬崖石罅"中的数株茶树尤为绝美，可谓"清馨绝伦"。

吕湮《霍山神传》记载当时霍山："郁郁葱葱，含芳吐秀，罗植万物，以美珠玉。"山上花草树木秀丽，美不胜收。

吴兰《南岳山碑记》云："龙井之旁，树如冬青，高数百尺，春月吐花，纯白而香，为碧桃。与岳祠之中，树如桂叶而细。秋实如小豆而赤，为凌霄者。"而碧桃相传为汉武帝手植。霍山虽山峰多险，但花果呈鲜，松竹交荫，生机盎然。

霍山神秀，古已成名。山蓄万物，各有美姿，茶生其中亦得一方之韵，可品可叹。

二、茶产地

栾元魁《霍山县志》云："六安茶，六安与霍山所并产也。其以六安名者，当霍未建县已有贡额。"霍山未设县之前所产茶统称六安茶，设县后才有霍山茶与六安茶之分，亦是根据产地来定。潘际云《霍山县志》将六安州山与霍山产茶地详列，以便区分。其中六安州山包括东山与北山，东山有25处产茶地，北山有34处产茶地。"右地在霍之东，俗称为东山，皆州境也。骑火惊雷咸出于此，故贡茶岁居其八九。"东山出茶最早，故贡茶十有八九为州山所产。

"东山茶出最早，北山茶植最广，天时地利，六盖兼擅之矣。"

霍山县茶山包括南山与西山，各有18处。"霍南山最为广阔，而艺茶不及其半，百里外种之不殖矣。茶较西北稍早，而较东山则迟。"霍山南适合种茶地很多，但种茶不到一半，茶叶品质以西山为最。"然必交谷雨始奋，不能入贡，地限之也。"由于气温低，须到谷雨后开始采摘，而贡茶多早，故来不及贡。

明代许次纾《茶疏》序言："天下名山，必产灵草。江南地暖，故独宜茶。大江以北，则称六安，然六安乃其郡名，其实产霍山县之大蜀山也。"其意指江北以六安为最，而六安茶实际产于霍山县之大蜀山，其实并不很确切。六安其他地方亦产茶，而以霍山产茶最多。

三、茶

（一）贡茶情况

史料所记，六安贡茶始自明朝，清朝甚兴。据宋思楷《六安州志》记载贡茶情况：

明弘治七年：州办茶二十五袋，县办茶一百七十五袋。

康熙二十年：州承办三十七袋，计六十四斤十二两；县承办二百六十三袋，计四百六十斤四两，拣雨前极品新芽一枪一旗，依法摘制，以黄为袋封贮。共四箱杠，用龙旗、龙袱恭进。

雍正七年：奉文，将添办之茶一百袋暂行停止。嗣后雍正十年，礼部奏明，仍添办芽茶一百袋，永著为例。

乾隆元年：缘王公等分家，部行添办茶七百二十袋，又应增征办解。

乾隆二年："抚宪赵奏请，经大臣等议奏恩准，每年仍额办芽茶四百袋，每窠征银四钱五分。"

六安贡茶虽随朝代更迭而屡有变更，但呈现得越来越多，这也反映出封建君王私欲的不断膨胀。

《六安直隶州志》记有："天下产茶州县数十，惟六安茶为宫廷常进之品……明时，六安贡茶，制定于未分霍山县之前，原额茶二百袋。弘治七年，分立霍山县，产茶之山，属霍山者十之八。……又因霍山茶胜六安之产，故知州将茶课之银发交霍山并办一色芽茶。"六安茶作为常贡，明朝时每年有固定贡额。由于霍山产茶多，占"十之八"，故贡茶其实主要由霍山县承办。

六安茶既然多为霍山所产，却为何称为六安？《霍山县志》中有说明，"产茶之地，惟东山最早，而东山皆属州境。……霍产总属西南，山高寒重，所出多在雨后，则贡茶专名六安，亦纪实之词也。"意思是说六安茶东山先采，而霍山寒冷，所以采茶要晚，贡茶多求早，故以六安为名。此文也说明了贡茶对地方茶的促进作用。

（二）茶类

霍山茶根据茶叶采摘季节和原料大小的不同，分为很多品类，并且随时间而发生变化，这也说明茶叶加工技术在不断改进。

据甘山、程在嵘于乾隆四十一年（公元 1776 年）所撰《霍山县志》记："本山货属，以茶为冠。其品之最上者曰银针（仅取枝顶一枪），次曰雀舌（取枝顶二叶之微展者），又次曰梅花片（择取嫩叶为之），曰兰花头（取枝顶三、五叶为之），曰松萝（仿徽茗之法，但徽制截叶，霍制全叶），皆由人工摘制，俱以雨前为贵。其任枝干之天然而制成者，最上曰毛尖，有贡尖、蕊尖、雨前尖、雨后尖、东山尖、西山尖等名（西山尖多出雨后，枝干长大，而味胜东山之雨前）；次曰连枝，有白连、绿连、黑连数种，皆以老嫩分等次也。至茶既老而不胜细摘，则并其宿叶挦而薙之，曰翻柯。皆为头茶。至五月初，复茁新茎，其叶较头茶大而肥厚，味稍近涩，价不及头茶连枝之半，是为了茶，亦有粗细数等。"

从上文可以看出，霍山茶根据加工方式、季节及原料的不同而品类繁杂。炒焙者有银针、雀舌、梅花片、兰花头、松萝五等，俱以雨前采摘所制为贵。其中有芽茶，有片茶，都经过做形，亦有松萝"仿徽茗之法，但徽制截叶，霍制全叶"。估计是节省时间，故用全叶制作，但方法雷同。烘焙者有毛尖、贡尖、芯尖、雨前尖、雨后尖、东山尖、西山尖、连枝、白连、绿连、黑连、翻柯等名。"任枝干之天然而制成"，当是不做形，杀青后直接烘干而成，即保持自然形。上述茶叶都是头茶即春茶。而夏茶品质变差，又有子茶，亦有粗细数等。

秦达章与何国祐于光绪三十一年（公元1905年）所撰《霍山县志》，对前述品类作了说明，且稍有不同。银针、雀舌所用原料为茶始萌芽者，梅花片、兰花头、松萝春，所用原料为茶初放叶者，统称为小茶，盖取其茶叶嫩小之意。霍山东南较暖，"谷雨前即可采摘，故有雨前毛尖之名。"而西山最晚，须谷雨后才能采摘，"数日采摘一次，须二旬始毕；故有头道、一道、三道、四道之分。"

徐珂《清稗类钞》所记又不同："六安茶，产霍山，第一蕊尖，无汁，第二贡尖，即皇尖，皆一旗一枪（即一芽一叶），第三客尖（即一芽两叶），第四细连枝（即一芽三叶），第五白茶。有毛者虽粗，亦为白茶，无毛者即至细，亦为明茶。明茶有耳环、封头等名，皆老叶矣。旧例，于四月八日进贡之后，乃敢发卖。其产茶之地，达八百方里，而仙人冲、黄溪涧、乌梅尖、佛寺、蒙潼湾数处为尤佳。"

（三）品质

对于六安茶，徐岩泉大加赞誉，在《六安州茶居士传》中将六安茶定为大宗，"阳羡、罗岕、武夷、匡庐之类，皆小宗；蒙山又其别枝也。"说明在当时，六安茶产量很高，比历史名茶阳羡、罗岕、武夷、匡庐还要多，可谓盛极一时。

明代詹景凤《明辨类函》将六安茶置于诸名茶之首，"四方名茶，江北则庐州之六安，江南则苏州之虎丘天池，常州之顾渚罗岕。"可见对其之推崇。

陈霆《雨山墨谈》云："六安茶为天下第一。有司包贡之余，例馈权贵与朝士之故旧者……予谪宦六安，见频岁春冻，茶产不能广。"六安茶何以为天下第一？应是上贡数量最多。但产茶地"频岁春冻"，说明春寒比较严重。看来气候是限制茶叶大面积发展的主要因素。

清代张英在《聪训斋语》中认为茶如其人，"岕茶如名士，武夷如高士，六安如野士"，各有特色。六安茶以苦，武夷以甘，岕茶以淡取胜。他又说："茗以温醇为贵，岕片、武夷、六安三种最良。"六安茶"温醇"，似与前说不同，或是所品非一茶。

对于霍山茶品质，《六安直隶州志》中记："茶之产在霍山者为多，平地亦可种，而以在高山中复有平壤，艺者为佳，故曰云雾茶也。六安茶之上者，香色不能胜武彝、松萝之绝品，独其秉地气之厚，能开滞而不甚峻峭，则愈于江以南诸产矣。"在品质香色方面，六安茶要比武夷、松萝差。

明代屠隆《考槃余事》中对六安品质有评价，谓其"品亦精，入药最效。但不善炒，不能发香而味苦。茶之本性实佳。"意即六安茶内在品质很好，但由于炒工不行，故味苦而香气差，只可入药。

文震亨《长物志》亦云，六安茶香气差滋味苦，"宜入药品"。

造成众人对六安霍山茶评价不一的原因很多，有茶粗细不同、产地不同，还有主观因素掺杂不一等，应相互参看，不能拘于一家之言。

（四）炒工

据《六安州志》记载，明代涂乾吾："工制茶，每苦制者伤其性，致色香味皆失，因亲为调剂，采摘烘焙，一经其手，迥非常品。因言茶有阴阳，取其早晏，常于火候舒疾，心存目注，若事丹汞者，茶遂以涂名，一时莫不珍之，于是征求络绎，六、霍之间骚然矣。然涂有心得，不以授人，人亦鲜有解者。涂死，诫子孙勿习其法，其茶遂绝。"原料固然为茶叶优良的基础，但炒功尤为重要，应顺其性。根据茶叶原料粗细掌握火候得当与否，并且制作过程中要专注，不能分心，才能制出好茶。此法用心费力，还要有悟性，因此很难道来，有的技巧只能意会。其法不传，可谓在理。

四、文化

潘际云在《霍山县志》中论述了霍山茶的利病，对于我们了解那个时期的茶叶生产很有帮助，可谓见小知大。

《旧志》云："霍之产茶，大利大害也。境内山多田少，茶户籍以抵田粮之半，故催微动俟茶春后。土人不辨茶味，唯燕、赵、豫、楚需此日用，每隔岁经千里，挟资裹粮，投牙预质。及采造时，男妇错杂，歌声满谷，日夜力作不休。富商大贾，骑从布野，倾橐以质，百货骈集，开市列肆，妖冶招摇，亦山中盛事。然事关献纳，大尹或过为郑重，左右遂乘其意，变乱黑白，簧鼓小民，以规厚利。又云：贡茶自解京而后，民间已无多藏，而上官买茶，动以千百斤计，其发价未必抵寻常之半，而仓猝搜索民间，其价必三倍之，官责之衙役，衙役凭报茶户，任情那移，富者贿免，仍出藏茶以邀倍价，贫者勒赔，破产倾家以完公事。其交茶又须贿赂左右，不然一茶而俄指为别和，俄认为燕石，致令当事者东西易面而不知，民始为茶所累，而兴作无资，则茶愈荒芜，所出之茶不足以供茶粮。傥以与人，人又畏其负累，卒之日夕不谋，而茶粮犹在，噫！亦苦矣。"

茶叶的发展，一方面，对当地经济和声名产生积极作用，另一方面，对利益的索取如果没有制约就会导致邪风乱长，最终受苦的是平民百姓。

《己巳志》吴令云：今幸上宪加恩，民免前累，而贾茶行阴结为奸，侵削日甚，诸贾隔岁挟资投行预质，牙侩负诸贾子母，每刻削茶户以偿之。诸贾所携白金，间有自带小炉，镕改低色，不与足纹。茶秤过大，与市秤迥不相符，罔顾国家画一权衡之定制，且茶品之高下，茶值之低昂，随口任心，茶户莫能与较，又格外多取样茶，与茶贾均分，视正茶不啻十分之一。每茶市罢后，茶贾以轻价获重货，捆载而归，牙侩亦饱囊橐，而茶户虽终年拮据，不免竭资枵腹，终叹罄悬，则奸蠹之厉深哉。

奸商酷吏向来都是贪求无度之人，奸商在茶秤上做手脚，缺斤少两；在茶样及茶品等级上任意胡为，致使百姓利益大损。牙侩之徒贪图小利，助纣为虐。两者狼狈为奸，鱼肉百姓，大逞其志。上虽体恤民情，但所用非人，亦不见效，茶户之苦可以想见。

论曰：霍山自古神，育成茶不群。霍山自汉朝祭祀时闻名，诸多灵异顿添神秘之质。山峦不同，气候相异，茶之品质亦多变。然神虽无迹，品茶可循，自然之道恰在其中。

第十一节　庐　山　茶

李白《望庐山瀑布》云："日照香炉生紫烟，遥看瀑布挂前川。飞流直下三千尺，疑是银河落九天。"初识庐山瀑布之雄壮。白居易《游大林寺桃花》有"人间四月芳菲尽，山寺桃花始盛开"，又可知庐山之幽美。庐山如此秀美，历代隐士多居于此，或修身养性，或游逸其中，或远避尘嚣，或植茶赋诗，各得其乐。

一、生长环境

晋朝王彪之《庐山赋》（序）云："庐山，彭泽之山也。虽非五岳之数，穹隆嵯峨，实峻极之名山也。"庐山以高峻嵯峨而闻名，虽非五岳，亦是不凡。晋朝孙放《庐山赋》称庐山为"九江之镇也"。其处于水陆结合部，"临彭蠡之泽，接平敞之原。"因能镇水，故名镇山，其作用巨大。

李白曾羡慕其侄游庐山并做《游庐山序》，序中写道："长山横蹙，九江却转。瀑布天落，半与银河争流；腾虹奔电，潊射万壑，此宇宙之奇诡也。其上有方湖石井，不可得而窥焉。羡君此行，抚鹤长啸。"对庐山大貌做了概括，山势绵延，九江围绕，瀑布像从天而落，飞流直下，气势如虹，响声震彻山谷，庐山真乃"宇宙之奇诡也"。

王廷珪是两宋之交的重要诗人，曾作《游庐山记》，原文开头云：

> 九江之上，有巨山崛起，名甲天下。自外望之，巍然高大，与他山未有以异也。环视其中，磅礴郁积，崖壁怪伟，琳宫佛屋，钩锦秀绝，愈入愈奇，而不可穷，乃实有以甲天下也。

此段概括出庐山大貌。庐山为十大名山之一，古称匡庐，九江环伴。从外望与其他山并无不同之处，但山内山势宏伟，树木繁多，石崖怪异，道观与寺庙掩映其中，而其秀绝之处层出不穷，不可以观尽，故庐山能雄于天下。后面又言有锦绣谷之艳丽，"闻春时异葩怪卉，层出杂见，相错如锦绣然"；贮云庵之绝危，"峭发壁立数百千仞，吐云气而薄星辰者，皆出乎衽席之近"，云气缭绕，可摘星辰。而香炉一峰尤胜绝，白草堂正坐其下。在山上可以看到九江"波涛雪色，砰摆振撼"。贤者云集，异物奇珍产于其中。"尝产而为幽兰、瑞香、芝英、竹箭之美，与夫三脊之茅、千寻之名材、希世异物为瑞。"王廷珪《游庐山记》只言其大略，未对庐山做细致描写。或许是因为庐山胜境太多，庐山太大，时间有限，不能细细游览。惟白居易《庐山白草堂》较为详细，但也止于一隅。

白居易曾隐居此处，为此山景色所吸引，恋恋不能去，于元和十二年春建草堂在香炉峰与遗爱寺之间。"其境胜绝，又甲庐山。"此处环境雅静，凝神净心，"一宿体宁，再宿心恬，三宿后颓然嗒然，不知其然而然。"并做《庐山草堂记》，描绘其草堂布置和周围环境之优美。

首篇云："匡庐奇秀，甲天下山"，亦认为庐山奇秀天下莫能比。而其所建草堂处于香炉峰与遗爱寺之间，"其境胜绝，又甲庐山"。所处小环境又是庐山最美处，在这里可以"仰观山，俯听泉，旁睨竹树云石"。

> 前有平地，轮广十丈；中有平台，半平地；台南有方池，倍平台。环池多山竹野卉，池中生白莲、白鱼。又南抵石涧，夹涧有古松老杉，大仅十人围，高不知几百尺。修柯戛云，低枝拂潭，如幢竖，如盖张，如龙蛇走。松下多灌丛，萝茑叶蔓，骈织承翳，日月光不到地，盛夏风气如八九月时。下铺白石，为出入道。堂北五步，据层崖积石，嵌空垤塄，杂木异草，盖覆其上。绿阴蒙蒙，朱实离离，不识其名，四时一色。又有飞泉，植茗，就以烹燀，好事者见，可以销永日。春有锦绣谷花，夏有石门涧云，秋有虎溪月，冬有炉峰雪。阴晴显晦，昏旦含吐，千变万状，不可殚纪，婾缕而言，故云甲庐山者。

由上文可以看出，草屋南有石涧，涧两侧为古松、老杉所掩映，枝干上冲云霄，下拂石潭。其形多变，盖日月造化所成，"如幢竖，如盖张，如龙蛇走。"松下灌木覆盖，萝茑缠绕，阴阴其下，盛夏如秋，可谓消暑胜地。北有"层崖积石……杂木异草，盖覆其上。绿阴蒙蒙，朱实离离，不识其名，四时一色。"四季景色皆可观，确是奇景。所居处有山有水，有树木有花草，有奇景有飞泉。春季花草耀眼，夏季绿荫如盖，清爽怡人；秋季竹松繁茂，冬季远眺峰雪，确是四时有景各不同，奇秀美妙寓心中。边欣赏美景边围炉煮茶，何等惬意，何等悠闲。人处其中，怎能不"外适内和，体宁心恬。"因此诗人不禁要"终老于斯，以成就我平生之志。"之后又和友人共十七人，"登香炉峰，宿大林寺。"而"大林穷远，人迹罕到。环寺多清流苍石，短松瘦竹，寺中惟板屋木器，其僧皆海东人。"由于山高气候寒冷，故唯有短松瘦竹等耐寒植物。

奇景多在高峻险拔之处，佳茗亦然。白居易所种茶树正处于庐山胜处，想必品质应是不错，但不知是否会如刘禹锡一样会炒制成茶？

对庐山之美，宋代大儒朱熹曾慕名到此，并捐俸钱十万用于重建卧龙庵，并作文章以记之。卧龙庵在五乳峰下，西即为瀑布，对面有起亭，坐亭之上，上有古木参天，下有清水流淌，最为绝胜。起亭建于巨石之上，巨石"横出涧中，仰翳乔木，俯瞰清流，前对飞瀑，最为谷中胜处"。白居易、朱熹所写当为庐山之一角，但已见其胜，盖庐山之缩影，可谓窥一斑而知全貌。

虽然庐山是以瀑布而闻名，云雾亦是奇观。大诗人李白曾游览此处，对此景大加赞赏，先后写下《望庐山瀑布》《望庐山五老峰》《庐山谣寄卢侍御虚舟》等诗。其中著名诗句"日照香炉生紫烟，遥看瀑布挂前川。飞流直下三千尺，疑是银河落九天。"气势不凡，使人顿生豪兴之致。

《庐山谣寄卢侍御虚舟》中："庐山秀出南斗傍，屏风九叠云锦张。影落明湖青黛光，金阙前开二峰长，银河倒挂三石梁。香炉瀑布遥相望，回崖沓嶂凌苍苍。"对庐山景致做了大致勾勒，可谓峰峰叠嶂，山山翠色，瀑布飞流，湖水围绕。看此景，人的心胸会变得宽广，所有烦忧统统荡然无存，有飘飘欲仙之感，故"愿接卢遨游太清"。《望庐山五老峰》道出庐山最美山峰应是五老峰，其秀结于九江之上，如"青天削出金芙蓉"，煞是美丽。

庐山有水，故其云亦多。恽敬《游庐山后记》中对云的描写最形象。书中曰："其高峰皆浮天际。而云忽起足下，渐浮渐满，峰尽没。"意即高峰之上云多。"忽峰顶有云飞下数百丈，如有人乘之行，散为千百，渐消至无一缕，盖须臾之间已如是。"则言云之变化，云由浓渐至消无。"云拥之，忽拥起至岩上，尽天地为绡縠色，五尺之外，无他物可见。已尽卷去，日融融然，乃复合为绡縠色，不可辨矣。"云忽聚忽散，聚时，则远不可见；散后，则日光融融。

苏轼曾游庐山西林时写下著名诗篇《题西林壁》："横看成岭侧成峰，远近高低各不同。不识庐山真面目，只缘身在此山中。"此诗对景色从大处入手，不拘于细微，将景与理完美结合在一起，发人深省。

庐山因临江而起，故终年泉云不断，山上植被丰富，为茶树的生长营造出适宜的环境。名人逸士的诗文更为其增韵不少。庐山因秀山、泉水、名士而得名，可谓人杰地灵，占一方之胜，此处之茶得天然灵气，故含有天然韵味。

二、气候

南朝谢灵运（公元 385—433 年）应是爬庐山并赋诗第一人，其《登庐山绝顶望诸峤》诗中写到："昼夜蔽日月，冬夏共霜雪。"从而让我们对南朝时庐山绝顶处气候情况有了第一次认识，自冬至夏被霜雪覆盖，因为云烟笼罩所以不见日月。徐凝《庐山独夜》诗有"寒空五老雪，斜月九江云。钟声知何处，苍苍树里闻"之句。庐山五老峰上有寒雪覆盖，九江上月照烟云。钟声从密树林中传来，别是一番清冷景象。

白居易《游大林寺序》中对大林寺气候环境有如此描述："山高地深，时节绝晚，于时孟夏，如正、二月天，山桃始华，涧草犹短，人物风候，与平地聚落不同。初到，恍然若别造一世界者。"意思是说别处已是"孟夏"即农历四月，而大林寺还是二月天气，要比别处晚两个月。故有诗云："人间四月芳菲尽，山寺桃花始盛开"。而其原因是山高地深，大林寺处于庐山香炉峰（海拔 1 000 米以上）上，因处于山高处故如此。

总体来看，庐山气候较为温暖，加上雨水较多，适宜茶树生长。山势高，故自上而下，草木花卉呈带状分布，利于形成不同小气候环境，为茶叶不同品质的形成创造了条件。但由于冬季寒冷，茶树越冬是关键。在现存诗中，咏庐山景色者多，但歌茗者少，或许受庐山地势所限，可以种茶处较少。庐山因有九江相伴，故云气丰富，降雨颇多，其石长久冲刷，参差百态。山势高耸加上较多雨水冲刷，土难以集聚，故可种茶之地少。

三、茶

如此秀美之山，产茶亦是很好。唐朝时庐山就已有茶，诗人李咸用因仕途不顺曾来此。其诗《谢僧寄茶》："匡山茗树朝阳偏，暖萌如爪挐飞鸢。枝枝膏露凝滴圆，参差失向兜罗绵。倾筐短甑蒸新鲜，白纻眼细匀于研。"虽是诗人答谢庐山僧人寄茶而作，但若不是亲身经历或者目睹过，也写不了如此真实。庐山茶树因朝阳，茶芽早萌发像鹰爪，茶茎上凝结露水，所长芽头参差不齐，被云烟笼罩，蒸熟后加工烘干，这就把当时茶叶采摘及加工过程描写出来了。由此诗可以看出，庐山在唐朝时，茶树已有零星种植，但未形成规模，故其他茶书中并未言及庐山茶。

明代李日华《紫桃轩杂缀》对庐山茶评价褒贬不一。"匡庐绝顶产茶，在云雾蒸蔚中，极有胜韵，而僧拙于焙。既采，必上甑蒸过。隔宿而后焙，枯劲如槁秸，瀹之为赤卤，岂复有茶哉？"庐山茶得自天然，故其韵味极佳。炒焙之法不得当，会造成茶叶不堪饮用，制工对茶叶品质的发挥至关重要。

明代《书岕茶别论后》云："若闽之清源、武夷，吴郡之天池、虎丘，武林之龙井，新安之松萝，匡庐之云雾，其名虽大噪，不能与岕相抗也。"庐山茶已名声大噪，擅一方之地。

清代黄宗羲《匡庐游录》则记："一心云，山中无别产，衣食取办于茶。地又寒苦，树茶皆不过一尺。五、六年后，梗老无芽，则须伐去，俟其再蘖。其在最高者，为云雾茶，此间名品也。"清代气候已经转冷，庐山虽处南方，但也可以看出，茶树已深受其苦，长势不旺，仅长一尺左右，五六年就衰弱，看来已经不适宜茶树生长。既然植茶为了生计，管理应该不会太差，气候应是主要因素。庐山云雾茶所处小环境适宜，品质仍佳。

据清朝《庐山志》中记载庐山有云雾茶："山僧艰于日给，取诸崖壁间，摄土种茶一、二区，然山峻高寒，丛极卑弱，历冬必用茅苫之，届端阳始采，焙成，呼为云雾茶。"这表明庐山种茶极少，是因为能种茶的区域太少，山僧只能在崖壁缝隙间种茶，但因为山高并且冬季寒冷，所以茶树长得并不好，冬季必须要用茅苫保护才能安全越冬。开采时间也很晚，要到阴历五月端午时候才能摘取。看来冬季寒冷是阻碍庐山茶发展的重要因素。

民国《庐山志》记载："云雾茶，为庐山特产。因庐山高出海拔一千五百余米，叠石为峰，断壑为崖，清香幽液，喷流岩石上，蒸气上腾，蔚为云雾，四时不绝。茶生其间，钟泉石之灵，禀清幽之气，味凉而色秀，液清而气香。"庐山云雾茶生长处飞泉流瀑、云雾缭绕，故得钟泉石之灵，禀清幽之气，所以造就了茶叶香气高、汤色清亮、滋味爽的特点。

山因多雨之冲刷，土壤必少。庐山云雨较多，故高山之处土壤少、林木少，植茶之地亦少。庐山云雾茶长于海拔高处，因少而珍，加之品质不俗，故被世人视为宝。

四、泉水

李白一诗使庐山瀑布名闻天下。张又新作《煎茶水记》，对江南部分地区之水按照自己的标准划分名次，并托之于陆羽所品。其《煎茶水记》将庐山康王谷水帘水列为第一，庐山招贤寺下方桥潭水列为第六。

李华《望瀑泉赋》对庐山瀑布推崇备至，如"玉绳缒于寥天，银河垂于广泽……白龙倒饮于平湖"，气势非凡。看到如此壮丽景色，不禁要"舍印推尊"，大有归隐之意。

《江西通志》记载："谷帘泉，在康王谷。其水如帘，布岩而下者三十余派，亦匡庐巨观也。唐陆羽品其水为天下第一。泉之侧，别有云液泉，山多云母石，甘且清。"在谷帘泉侧，另有云液泉清甘可掬。

唐代吴筠《庐山云液泉赋》中云："筠所居之东岭，其侧有泉，洪纤如指，冬夏若一。……其水色白，味甘且滑。此则云母滋液所致，因名云液之泉。"看来吴筠对佳泉也情有独钟，并对泉水品评有独特见解，认为泉水白，味甘且滑，并且"此泉泠泠"，有爽冽之感。因其"地僻至洁，源深有恒"，故"乃结宇其旁，引于轩庑之下，既饮既漱"，可说是日夜与泉相伴，深得其妙。

"悬之则洁素，罋之则澄碧，昼浮光以悠扬，夜含响以渐沥。"泉水源头恒一，无干涸之虞。"今兹夏季不雨，至于十月，江河耗，井涧涸。"可见当时大气干旱异常，超过四个月没下雨。"此泉泠泠，不减平昔"，虽然天大旱，但泉水依然未减少，还和以前一样。

《庐山志》亦有"谷帘泉在康王谷中……湍怒喷薄，散落纷纭，数十百缕，班布如玉帘，悬注三百五十丈，故名谷帘泉，亦匡庐第一观也。《茶经》：谷帘泉水为天下第一。云液泉，在谷帘泉侧……清冽甘寒，远出谷帘之上，乃不得第一，何也？"庐山泉水较多，湮没不闻者必有，泉亦因人而显，云液泉正是如此。

五、文化

白居易《代书》中云："庐山自陶谢洎十八贤以还，儒风绵绵，相续不绝。贞元初，有符载、杨衡辈隐焉，亦出为文人。今其读书属文，结草庐于岩谷间者，犹一二十人。"可见庐山自古为隐者向往之地，名山藏隐士，隐士显名山，亦是相得相知之故。

论曰：山水常相伴，飞泉好茶莈。庐山得水之盛，故有瀑布飞泉，碧树云烟，天下第一瀑布吸引众目。山得水而灵，隐士僧道沐浴其中，朝夕吐纳清气，品尝佳茗美泉，自是神仙之事。山高水美人杰茶鲜，尘世之桃源亦可寻至。

第十二节　黄　山　茶

黄山有峰三十六，水源三十六，溪二十四，洞十八，岩八。唐朝李白诗云："黄山四千仞，三十二莲峰。"言其山高峰秀。黄山以秀、奇、美闻名于世，至今游客如织。奇峰秀山必有佳茗，黄山茶自古有之，品质不凡。

一、生长环境

《汉书·霍光传》记黄山苑为围猎之地。扬雄《羽猎赋》中所言上林苑"东南至宜春、鼎胡、御宿、昆吾，旁南山西，至长杨、五柞，北绕黄山，濒渭而东，周袤数百里。"可见黄山为上林苑范围之内。张衡《西京赋》："掩长杨而联五柞，绕黄山而款牛首。"黄山自汉朝时就已声明于外，在此可见一斑。

按《太平御览·江东诸山考·黟山》《歙县图经》，黄山各峰皆是石山，有如削成。烟岚无际，雷雨在下，云随山绕，才有其秀。“林涧之下，岩峦之上，奇迹异状，不可摹写。”云雨既多，故石日久冲刷，终成奇诡仪态，亦造化之神功也。

按《三才图会·黄山图考》，山上有“古松名杉藤络，莎被蓊薆茏茸”，皆是不惧风雨之态。雨水多，山泉不断，植物长势旺盛。稀奇的植物亦有万种，蓊郁粉披，各有其盛。

（一）峰

黄山有三十六峰，知名者有天都、莲花、炼丹、朱砂等十余峰，三十六峰皆高七百仞（古代长度单位，周制八尺，汉制七尺，周尺一尺约合二十三厘米）以上。

黄山诸峰以天都峰、莲花峰最为高峻。天都峰因黄山为三天子都，故用其名，可见其独霸不群。“健骨崚嶒，卓立天表”，概括之。“云涛澎湃时，拥山腰峰拔云上”，更显神秘。莲花峰取其“石蕊中尊千叶，簇簇如瓣”。峰高石奇，本是峥嵘形势；云雾相漫，遂有绮丽之态。可见山云相伴方能成其多姿，山为刚，水为柔，山水相和才会多娇。

黄山之美，古有赞誉。唐朝李白《送温处士归黄山白鹅峰旧居》诗中写道：“黄山四千仞，三十二莲峰，丹崖夹石柱，菡萏金芙蓉。”言黄山之高，达四千仞，有三十二峰多秀似莲花。唐释岛云《望黄山诸峰》却说“峭拔虽传三十六，参差何啻一千余”，峭拔有三十六峰。

宋代朱彦《游黄山》亦言：“三十六峰高插天，瑶台琼宇贮神仙。”说明黄山三十六峰早已有名。

明代方勉《题黄山》云：“杖黎得得入云看，中有幽篁下有兰。百道飞泉鸣玉佩，千寻石柱架琼峦。”通往黄山顶的路旁有竹、兰，飞泉轰鸣，层峦叠嶂。

元朝汪泽民《游黄山记》中有“莲峰丹碧，峭拔攒蹙。若植圭，若侧弁，若列戈矛，若芙蓉菡萏之初开。云烟晴雨，晨夕万状”之语，极言黄山山峰形态各异，峭拔秀美。

“瀑布声訇磕如雷。怪石林立，半壁飞泉洒巾袂，当新暑，凄然如秋。”瀑布声如雷，初夏，却像秋天一样，可见泉水之胜，永不停息。山中“白云滃起，遥山近岭，如出没海涛，仅余绝顶”，可见云雾之盛。元朝时气候温暖，黄山云雨较多，故有“古松修篁，石涧横道”，幽雅之极。

明代徐霞客《游黄山日记后》则叙述详细，描写真实，黄山"奇峰错列，众壑纵横"，并且"山高风巨，雾气去来无定"。山高故风大，而雾气说明空气湿润。山多松，青松苍郁，丁姿百态；山多云，烟云缥缈，浩瀚如海；山有温泉，终年喷涌，可饮可浴；山多怪石，各种形状的巨石，星罗棋布。

书中还介绍了天都峰三大奇观：有奇雾，"予至其前，则雾徙于后；予越其右，则雾出于左。"有奇柏，"柏虽大干如臂，无不平贴石上，如苔藓然。"柏树平贴于石上乃是山高风大所致。有峰下奇景，"下盼诸峰，时出为碧峤，时没为银海。再眺山下，则日光晶晶，别一区宇也。"峰下雾时散时聚，故山下景时出时没，别有情致。黄山无瀑布，仅有一涧水，九级而下。莲花峰之高，之难行，百转千回，石奇径陡，峻出天表。

明代吴从先《黄山小记》虽短，但描写生动，黄山树怪、峰危、石奇、径幽、藤老、云多变幻。"奇山怪树，突巘危峰，幽洞险壑，老藤古藓"，意即山峰奇特，险壑纵横，怪树偃卧，老藤缠绕，确非寻常境界。而随日月照映变化更为奇特，"忽青于染，忽净于洗，月遇之而生白，日遇之而成紫"，极言山川万物色彩之斑斓。至于云之变化更是奇特，"若抱树而流、携石而走，势与醉石共悬，泽同瀑布争泻，散则如蝶，结则张幔；千态万象，不可模拟。"随树而上下，缠石而不定，忽上忽下，散若蝶飞，聚则厚如幔，确是千变万化。

清初钱谦益《游黄山记》之九篇，对黄山各处奇景均有描述。黄山之高，"奇峰拔地，高者几千丈，庳（矮）亦数百丈，上无所附，足无所逓，石色苍润，玲珑夭曲"，虽"东南二岳、匡庐、九华"亦不若也。

　　　　视天都峰瀑布痕斓斑覼驳，俄而雨大至，风水发作，天地掀簸，
　　漫山皆白龙，掉头捽尾，横拖倒拔。白龙潭水鼓怒触搏，林木轰磕，
　　几席震掉。雨止，泉益怒，呀呷撞胸，如杵在臼。

天都峰瀑布、白龙潭水皆为黄山奇观。黄山之奇，在泉，在云，在松。水之奇，莫奇于白龙潭；泉之奇，莫奇于汤泉；云带如生在诸峰之间。松树千姿百态，随势而成，如接引松、扰龙松。"有干大如胫，而根蟠屈以亩计者；有根只寻丈，而枝扶疏蔽道旁者；有循崖度壑，因依如悬度者；有穿罅冗缝，崩迸如侧生者；有幢幢如羽葆者；有矫矫如蛟龙者；有卧而起，起而复卧者；有横而断，断而复横者。"

钱谦益所游黄山，述备极详，作诗二十余首并"寒窗无事，补作记九篇"。

都是后期回忆所作，可知当时花费时间不少，用心记叙才会如此。透过游记可以对黄山有个大致了解，虽然有点繁乱，总的印象就是黄山山奇、石奇、松奇、云奇。山峰较多、较高，松树很多。松树多奇形怪状，缘于风高土少，松树长于石上，与怪石相映生辉，让人叹为观止。松木如此多，茶生其间必定对香气产生影响。

他还谈及天都峰之险高。"昔人言采药者裹三日粮，达天都顶……游兹山者，必当裹糇粮，曳芒屦，经年累月，与山僧樵翁为伴侣，庶可以揽山川之性情，穷峰峦之形胜。"可知茶很难长于此，而说天都峰产茶者，亦是博一虚名，只为宣传黄山茶罢了。

除了松树，还有其他植被。李白《送温处士归黄山白鹅峰旧居》有"行行芳桂丛"之句，可知有桂树。明代方勉《题黄山》有"中有幽篁下有兰"。明代汤宾尹《同友人游黄山》有"峭入青天手一藤"，所以还有竹、兰、藤。这些植物都是抗寒植物，并且气味清香，给黄山带来更多秀气。故黄山山高、云雾多、峰秀、泉美、松奇，有灵气；茶生此间，气韵相通，当品质不俗。

江瓘《游黄山记》中亦说黄山虽雄奇，但有桃李梨杏之果，望春诸花妖艳，兰花奇木莫名。

（二）云

明代谢廷赞《黄山赋》记述云雾之多变化，"或青天无片云，或积雪满高冈，或澍雨日滂沱，或彤云接混茫。雨则白气若璎珞，晴则清风振琳琅。"可见黄山云雾变化莫测。其他松林成片，泉水甘甜，柏木成帷，红泉似锦，亦可观赏。

（三）松

黄山松多、奇，《图书集成》云："无处不石，无石不松，无松不奇。"而卧龙、蒲团、蟠龙、绕龙、接引、破石最知名。卧龙松，"横偃石壁，矫首上眺。步行其上，可当飞桥。"蒲团松，"枝叶平铺圆密如茸"。蟠龙松，"虬屈盘拏，足称奇观"。接引松，"植根在峰北，横伸一枝峰南，游人缘之，渡独木，登始信峰。"绕龙松，"疏密纠曲，古秀无伦。"破石松，"松破石，石犹附松根藏，盖奇异之极。"松姿多样，亦是山势崎岖、气候多变之故。

总言之，黄山松以石而立，与石相缠，各随地势差别，摇曳其姿，显示出超强生命力。山高，云多，松奇，更显灵异之气，万物出其中，多禀天然灵气，而茶最灵，其品质之异可想而知。

二、茶

黄山虽奇秀，但有茶较晚，明清之后其名渐传。而文人雅士对其谈茶者很少，应是茶少之故。

明代徐渭《刻徐文长先生秘集》一文中，将黄山茶置于松萝、虎丘、六安茶之后。

《随见录》记有"黄山绝顶有云雾茶，别有风味，超出松萝之外。"

清代江澄云《素壶便录》记黄山产云雾茶，处高峰绝顶，烟云荡漾，雾露滋培，所以制出的茶叶"芳香扑鼻，绝无俗味"。其中的"芳香扑鼻"可知香气浓郁。另有翠雨茶，长于幽壑，色绿，味浓，香气虽稍逊云雾茶，但优于松萝茶。

《歙县志》中记载："毛峰，芽茶也，南则陔源，东则跳岭，北则黄山，皆产地，以黄山为最著，色香味非他山所及……拣之筛之，火之扇之，竭极人工而制法始备。"黄山毛峰茶之名自此而响。

三、文化

李白五十四岁曾游黄山，并写《送温处士归黄山白鹅峰旧居》一诗："黄山四千仞，三十二莲峰。丹崖夹石柱，菡萏金芙蓉……去去陵阳东，行行芳桂丛。回溪十六度，碧嶂尽晴空。"言黄山之高，峰秀，云多，有丹砂井、芳桂，有仙灵气，有三十二峰。

宋代吴黯《因公檄按游黄山》则有"倏忽云烟化杳冥，峰峦随水入丹青"之句，说山水空蒙，灵秀。

自明代开始游记始多。江瓘《游黄山记》记述物类之繁。"夹涧峭立，多桃李梨杏，桧槌梗楠；望春诸花，摇飏葳蕤。草则兰茝芷蕙，赤箭青芝；纷红缛绿，翁香菂蕊，莫可殚述。"

谢肇淛《游黄山记》则言登临之艰难。"命奴前后挽且推之十里，为九龙潭篁箐交塞，众欲舍之而过。余不可目执斤者，先行斩枝芟刺而下道益险绝，或履树根，或缘石壁，或接以容足之木下。临无际于楚体，腑而兴勃勃辄先数十步，遇奇绝辄大呼。"山上篁竹密布，山道险绝。

论曰：石松云相缠，黄山茶不凡。黄山融怪石、奇松、幻云于四时，天地造化，遂成奇景。茶得浸润，颇有奇妙。盖物候之特殊必得天地之奇理，茶具浑厚之质，内含灵通之韵，阴阳相和，聚成不俗之品。

第十三节 极 品 茶

在名茶中，还有一些茶的品质超出一般名茶，它们生长环境特殊，品质不俗，被称为绝品、仙品，统称为"极品茶"。分析原因：一是为了提高名茶知名度，有意宣传。二是茶叶所处环境确实特殊，茶叶品质让人惊叹。

一、张载气学

宋代理学的发展让人们对世界的认知迈进了一大步，其中张载气学理论尤为突出，后世对茶树生长环境的论述多依据其理。张载气学理论主要有两点需要重视：首先是宇宙中充满气，气每时每刻都在运动转化，万物皆由气而生；其次是我们人类的认知有限。

对于气的论述，张载在《正蒙·太和篇》中谈及最多。现摘述如下：

> 太虚不能无气，气不能不聚而为万物，万物不能不散而为太虚。循是出入，是皆不得已而然也。

按上文意：太虚即太空或宇宙，其中充满气。气每时每刻都在运动转化，气聚则生成万物，气散则又重回到宇宙中。如此，往复不已，变化不止。

> 知虚空即气，则有无、隐显、神化、性命通一无二，顾聚散、出入、形不形，能推本所从来，则深于《易》者也。

自然界除了实物外，皆充满气，我们能看到的就说有，看不到的就说无，其实并非真的"无"，是我们的认知有限。

> 气块然太虚，升降、飞扬，未尝止息……凡气，清则通，昏则壅，清极则神。
> 浮而上者，阳之清；降而下者，阴之浊。其感通聚散，为风雨，为雪霜，万品之流形，山川之融结，糟粕煨烬，无非教也。

气，无时不在上升和下降，从来没有停息过。越向上，气越清明；越向下，气越阴浊凝滞。上方虽清明，亦含有阴气，故能成风雨，为雪霜；下方阴浊亦含有阳气，故能阴阳相感生成万物，如山川草木之类。

《正蒙·乾称篇》云："凡可状，皆有也；凡有，皆象也；凡象，皆气也。"万物皆为象，皆为气聚集而成。

由张载气学论，世间万物之聚合均在气之聚散之间。气聚气散可由石之积成和风化而知。石由尘到土，到沙，到石，皆为气不断积聚而成。而石之风化至沙、至土、至尘，亦是气不断发散的过程。植物亦然，由种子到苗到树的过程亦是气不断累积成质的过程，即由气到质。

茶树生长所处环境中，包含有各种各样的气。这些气来自山石、树木、花草等，上下沉浮，不断转化。不同气之间能否合成？对茶树的品质是否会造成影响？应该会的。因为它要呼吸，要与外界发生气的交换，故周围环境构筑的气的大环境，尤其是小环境对其品质形成有着重要的影响。所以笔者在分析各名茶生长环境时，既注重大环境的适宜因素，又侧重小环境的特殊因素。

山自下而上，气越来越清正，孕育的万物亦越来越清正，茶树身处其中，其品质越来越清正，香气、滋味、汤色等均是如此。

山越向上，气温越低，能生存者皆是抗寒物种，其所处环境相同，有着相同的秉性，虽然形不同而气相同，故其所禀受气质相同。山越往下，杂气、杂物、杂肥增多，其气浑浊，茶树身在其中，所秉气亦浑浊。茶叶加工过程唯有高温才能留下较少杂气，香气才能相对纯正，但气韵杂乱不可避免，香气故不清正。

古人观山游水，因受时间限制，多观其大略，细微处用心少，而多流连于山之奇特之处。而言茶甚少，盖茶在奇绝之处亦少之故。因此，对茶生长环境的论述很少。但茶处其间，与山川、树木、泉水同处一匾，气韵相连，观山川之特异故知茶之不凡。越向上，山气愈清淑，故所产茶清新绝伦。山脚湿滞之地，所产茶亦杂浊不堪，气韵薄弱，自然之理。故所论山川之特景，亦可领会茶地之特异。特异之处，如有茶树生长则必孕特异之质。

二、极品茶

每一个茶品的成名都借助于名品、仙品、绝品的产生，此论之极品茶就是指这些仙品、绝品茶。适宜茶叶形成最佳品质的地域很少，因此造就了极品茶的产生。如蒙顶山有"仙茶"，明月峡中有"绝品"茶，虎丘、龙井、松萝产茶绝佳，洞山、罗岕产精品，北苑贡茶精工细作，名品不断。极品茶生长在人迹罕至之处，得山水之滋润，日月之精蕴，太和之清虚，成不凡之特质。环境绝佳方能出不凡之品，绝境之处方有超凡之品。名品可以人为打造，而仙品、绝品乃是天成，不能人为打造。

以稀为贵亦是重要的宣传手段，打造极品茶的目的在于满足极少数人的需求，以扩大其知名度。从顾渚山的明月峡茶、蒙顶山的"仙茶"、北苑的密云龙、武夷的奇种，到明清时期的各地极品，产量均不高，只有较小区域生长。通过这些极品茶的打造宣传，以点带面，带动了当地茶叶产业的快速发展。

（一）生长环境

大多名山深山因人烟稀少，其环境达到一种和谐共处的良好状态，这也是自然优化选择的结果。各生物群相互制约又相互依赖，相互平衡，和谐共处，古人所谓"阴阳调和"之态，应是如此。而随着人类的涉足及干预，自然调和之态慢慢被打破，产生名茶的环境亦随之被打破，故名茶的品质逐渐受到损坏，所谓"野者上"，名崖高峻之处产名茶基于此。

极品茶的产生，应是基于外界与茶树自身，达到一种理想状态下的物质合成与积累。茶叶内在物质合成所需成分都能从外界获得，其自身的生理机能又恰能充分利用所获物质，合成能带给人们享受和愉悦体验的原始物质，再经加工后，就会形成茶叶甘醇的滋味、清神的香气、爽目的汤色。高山不同，植被、土壤、水分、温度、降水、光照等不同，所形成的综合之气必定不同。茶树身在其中，终岁吐纳循环，其内在物质合成与积累不同，茶叶品质自然不同，茶叶韵味亦不同。

极品茶生长的特定环境不可复制，但能告知我们要保护已有的好环境，不要破坏生态环境，要改善现有不利环境，根据茶树生长所需，营造适宜其生长的优良环境，要统筹考虑各种环境因素的相生相克，努力营造和谐顺畅的小环境，以形成茶叶的优良品质。

气清则性清，气浊则性浊，至清则纯一。越往上气越清，越往下气越浊，所育物之性亦随之改变。高山之茶，越向上其性越清；香气、滋味越纯正，越清正。故其香气为清香，滋味为淡泊。而其气清，故感觉清虚纯和，无昏滞之感，有活通之韵。反之，地势越低，茶树身处浑浊之地，气味杂乱、凝滞，缺灵通之韵，香气或因高火而显露，但不纯正；滋味虽能有甘，但黏滞不活，喝过之后虽有悦感之效，但无清心之功。正所谓取之于杂，得之更乱。物含气混杂不堪，人虽得之其气亦混乱，故得之无益，更加昏聩。

茶叶品质高低之分，非只在于滋味香气之浓烈与否，还在于气之清浊高下。地势低处气体杂乱，更有污气、浊气甚至毒气掺杂其中，茶树长久浸润，品质能好吗？

故从气之清浊分析，地势越高，茶叶含气越清，品质越好，反之越差。而高处茶叶产量亦少，因为气候不适宜，冻害与干旱是制约因素，管理采摘亦不方便。大多数名茶出现于高山中间地带，盖取其中庸之道，既能保证一定产量，又能保证品质较好。

极品茶出在地势高处之所以产量少，气之佳境少亦是主要原因。而人们对于茶叶品质的评判大多依据人的主观感觉，是一种综合体验，多拘于香气、滋味的好恶，对于气之感觉也只有少数人才去关注和重视。故看古人对茶的评判，对气的开始关注始自宋代。这与理学的发展有关还是与玄学的发展有关？僧道之士对于气的关注无疑甚于常人，其理解亦很超凡。这也是僧道之士努力超越世俗物欲，想达到成仙的追求途径。只有去除更多的物欲，追求更高层次的精神需求，才能离仙更近一步。而茶叶能够帮助僧道参经悟禅，所谓天下一道，茶道与仙道亦是同一道。对茶叶品质的参悟会帮助僧道加深对于仙道的认知，所以得道之士对于茶叶的品评标准和结果自是与常人不同，他们更加重视茶叶中蕴含的气的清浊，只有气越清才会离仙更近一步。而气的高下同样是仁者见仁、智者见智，依个人悟性不同而不同。史料中所载对于茶的评判，每个人都会有不同的看法，也就不难理解了。

常人重视茶叶香气、滋味、色泽对感官的愉悦程度，而得道者重视茶叶中蕴含气的高下，故侧重不同，评价不一。

（二）气韵

高山气势雄伟，其中所产物必内质醇厚、气味不凡，盖得山之气韵。气充盈山中，虽人所不能见但无处不在，万物呼吸之间自然得其浸染，日积月累与山气共吞吐，故能得其气韵。但高山处处不相同，盖气之升降清浊不同之故。高处虽气势雄伟，若无水亦会少秀气；低下之处气杂浊，所产物必不纯正；中间之处阴阳相得定能出佳物；秀丽之处所产物必阴阳调和、清新淡雅，别有一股清淡气韵。

茶之品质在于原料之趋真，少俗世之污染，更在于炒制以发其妙，二者相得益彰，而天然品质尤可贵。炒制在于手法、火候恰到好处地将其内在灵韵发挥出来，才能成一时之名品、极品。而灵韵的塑成并非一朝一夕之功，乃是物类、气候、土壤等相互融合出的和谐状态，接近于自然状态所致。故高山绝处出茶定奇，而田园之间多俗类，虽然香高味浓但缺少一种自然灵韵。

李日华《紫桃轩杂缀》有"匡庐绝顶，产茶在云雾蒸蔚中，极有胜韵"之说，庐山顶之茶处于云雾蒸蔚中，故有胜韵。"韵"当是基于环境所形成的品质独特之处。

《湖壖杂记》对于龙井茶的描述："啜之淡然，似乎无味，饮过后，觉有一种太和之气弥沦乎齿颊之间，此无味之味，乃至味也。"其中太和之气应是天地调和之气，天地调和非人力所能为，故不可多得，生于其中故茶树品质达到"至味"。

《剡录》中对于日铸茶之记载："茶生苍石之阳，碧涧穿注，兹乃水石之灵，岂茶哉？"将日铸茶品质之优归于茶吸进"水石之灵"，这也是水石之气，此气是存在于宇宙中运行不息且无形可见的极细微物质。每个物体都具有，且与周围物体通过气发生交换和影响。茶所处环境，不单纯有天之气，包括日月、星辰、雨露等；还有地之气，包括山石、土壤、植被、泉水等。茶生长于天地之间，与周围环境中的物质通过循环交换，将山石之气、泉水之气吸纳，故其品质包含周围环境之和气，亦是我们所说的气韵。茶之环境各异，其所蕴含之和气亦不相同，茶与环境之气达到最佳状态时就会产生优异品质，称为极品。

三、保护环境

所有极品茶都生长在人迹少、环境幽雅，生态良好、阴阳和谐的状态下，外界环境的优化配合促进茶叶内在优异物质的形成和积累，并具有独特气韵。这种气韵是环境综合转化的产物，非一朝一夕之功，而是长久潜移默化之结果。

人类对自然环境的侵入越少，自然生态被破坏的就越少，从而保持一个和谐的动态环境，这种气的和谐对于茶叶气韵的形成非常重要。

高山生态被打破，来自现代人类文明。对于利益的追逐和对于自然的渴望，成为矛盾的产物，于是人们建设大量风景区，想追求一份宁静，却打破了另一份宁静。人造景观的大量建设改变了高山原来的平衡，人类活动的增多破坏了大量生态物种的繁衍，生物种群的减少已成为不可逆转的现象。

在高山建设茶园目的在于创造适宜茶树生长的最好环境，如何处理好原始状态和人类活动的协调关系，值得深入研究和探讨。应该将利益置于保护生态之后，最大限度降低人类活动的参与。茶园面积不要很大，日常管理和生产采摘要做到干净无杂，做到有机生产。虽然这样做会影响经济利益，但其生态效益和社会效益是不可估量的。

首先，对品牌的声誉具有重要提升作用，每一个品牌都要有其他品牌没有的品质和难以企及的高度。极品茶具有的独特气韵就来自于产地的独特和环境的优化，最好的应是阴阳调和，生物群健康循环发展的环境。

其次，对环境的保护就是对于人类自己的保护。人类与自然同处于地球之上，命运相连。地球的安全需要人类去维护，而现代文明的发展却是建立在对自然资源的攫取上，地球环境已变得负重难支。自然万物成为一个巨大的生物循环链，如果植被、土石等被逐渐破坏，生物种群就会出现不平衡并最终难以恢复，地球也会成为危险之地，人类岂能独存？

第五章

名茶成因

第一节　总　　论

　　任何一地的茶叶能够成为名茶，应归结为优良品质显露和文化力影响。名茶的产生也是不断打造的过程，品质第一，文化相辅。茶叶原料是基础，没有好的原料不可能制出好的茶叶。加工技术是关键，不破坏好的基础品质，能够发挥出和提升固有品质。水是茶树生长必需，也是品质展露的载体，其作用巨大。文化对茶叶的品质作用是助力提升，能够提升精神层次，满足精神需要，扩大知名度。

一、名茶概念

　　名茶指品质优异与知名度高的茶叶。

（一）品质的优异性

　　"优"是指高出同事物的一般要求。对于茶而言，表现在生长环境之优、品质之优。生长环境优能够使茶树生长达到一种较佳的状态，营养、水分、光照、温度、空气等都有助于茶树优良品质的形成和转化。

　　"异"是指有特色，采用新工艺，精益求精。如松萝茶对茶叶原料的去尖去梗，岕茶的蒸焙等；北苑贡茶原料的分级，外形精制。再就是加工原料的差异，如顾渚紫笋为紫芽品种，与常规绿芽品种不同；建茶为乔木品种，与一般灌木品种不同。

（二）知名度

　　知是指知道；名是指名声名誉；度是指范围和认可程度，是基于时间与空间所能达到的规模。

　　要让广大群众知道和认可，并能说出原因和理由，就要借助于语言和文字。文字相比语言具有长久性与艺术性，借助文字的宣传、表达和推动，可跨越时间和空间的局限，不拘于一时一地，其影响广度和深度可想而知。

文字的明白性和艺术性是决定茶叶知名度传播的重要因素。尤其是好的文字表达，诸如文赋、诗、词、歌等，其所展现与充满的渲染力和精神享受无疑是巨大的。借助于名人的妙笔兰思，文字的艺术感染力更能激发出人们的认同感和内在精神享受，故能传播得更久更远。

二、品质

包括茶叶基础原料的优良和制作工艺的精湛。茶首先应具备成名的基础，被发现并不断打磨和历练，才能获得世人注目。

（一）环境

好茶的产生应归结于诸多因子恰到好处的结合。就其产地而言，应具备大环境的适合和小环境的最佳优化。大环境是指小环境以外的整体状况，空气净度、湿度、生态等诸多因素都适合茶树生长，能给茶树生长提供一道天然隔离屏障（与外界污染隔开）。小环境是指为茶叶优良品质的形成提供物质基础与可能。每个名茶产地不一，生长环境都具有特殊性。

茶叶优良品质的不断形成需要从土壤中获得有益养分，从自然中获得有益条件（气候条件适宜），从周围环境中获得有益补充（周围植被、土石、空气等大气生态良好），再加上自身合成有益物质的机制运行顺畅。周围植被散发出的物质（主要指香气）与土石分解产生的物质充溢在空气中，被茶树选择吸收并成为茶叶的一部分，这会影响茶叶的品质形成。因此，好的环境非常重要，是名茶产生的基础。

对茶品质的影响因素，除了地区差别、气候，还有茶树品种，《东溪试茶录》中就记载了七种茶树品种。

（二）制作

制作工艺是关键一环，有了好的原料，如果不精制或制作工艺不适合茶类，茶叶品质亦受影响。恰当的技术工艺能使茶叶的优良品质得以充分展现。

制作上需要不断创新，如松萝茶模仿虎丘茶，自创区别于它茶的制作工艺（剪去两头，只留中间），北苑贡茶的精雕细琢等。

（三）水

水是万物所需，山得水才会更具神韵，物得水才会生长不息。山为阳，水为阴；山中有水，万物才会充满生机，山亦增加秀丽。因此，山水相得，阴阳调和才是优质万物的必备条件。

茶树生长在山水相得之处，定出佳品。山水孕育灵茶，主要是因为能够构建"和"与"清虚空灵"的生态环境。高山少水之处或出绝品，但也是稀有之物，因其生长条件所限。故名茶大多出于山中部区域，既得气之清韵，又得营养之完备，亦不会给茶叶的生产造成太多困难，加之名工炒制，自然品质不凡。

加工好的茶叶只有经过水的浸泡才会展现其内在品质的不同，故水的优劣在一定意义上对茶叶品质的优异起着至关重要的作用，同时名泉水的影响力对茶叶的声名具有推动作用。

三、文化力

名茶鹊起虽源于品质不凡，亦是人力使然，歌咏不断方能助其长盛不衰，不然就不会出现官焙贡茶院一经改换他处，原来茶品名声渐淡的现象。文化之传承方能成就长久好茶，观历史贡茶、名茶多得益于文化推动。好茶虽能悦身，文化才能感心。

每种名茶都与文化有关。顾渚山因吴夫概而得名，北苑原为南唐上苑，武夷为仙君所在，虎丘因吴王阖闾得名，等等。因此，文化元素在名茶的成长过程中起着重要作用。

文化对茶叶的推动作用是巨大的。名茶从开始出现，经历长久的文化积蕴才会变得内涵十足，余味隽永。人们会因文化，或是诗歌或是文赋而了解茶，并引起浓厚的兴趣，从而去关注并且品饮，也会因文化的魅力去不断挖掘茶内在的艺术特质，并留笔以传，从而更加丰富名茶的文化内涵。茶没有文化就只是没有灵性的饮品，只会供人们解渴，人们很快就会淡忘。只有茶与文化结合，才会相得益彰，相映成趣。

（一）对品质的充分宣扬

文化的作用在于用恰当的文字让世人知晓，将茶的内在品质用明白的文字告知人们，使人们赞同、认知。

文化很多时候夸大了茶叶的价值本身，但却使茶叶的优点得以充分展露并易于识别和记忆。文化起到固化认知的作用，诱导和固化产品的特异性与突出点。文化能延长产品的存在时间，没有文化的茶是短暂和不丰富的，是没有生机与活力的。

（二）对内涵精神的充分挖掘

茶的文化属性无疑是人赋予并被人发掘出来的，但是却也是真实存在的。

其他物质也有，但没被发掘得这么深刻，原因在于茶还有止渴和保健功能。茶的基本功能满足了人们对于健康的关注与追求，文化特性则是在饮茶之余，能够唤起人们对哲学层面的深度思考、对人生的感悟和认知。

每个地区的茶叶都有特色，只有赋予好的加工方法，诸如加工成适合的茶品类，加工工艺恰当才会成就好茶。而文化在于发掘里面的特色并彰显给世人，并不断深入发掘增加其内涵，其中就包括将茶文化与万物中的道融为一体。道的哲理、内涵在人们品饮时候最容易引起思索、感悟。万物一道，嗅者茶香，看着茶叶飘动，我们的心情就会平静，同时会有所触发，对世界、社会、人生就会有更深的认知和思考，而茶无疑起到很好的桥梁和纽带作用。

喝茶更多时候是为了静心，高兴与苦闷的时候人们都会首先想起喝酒，很少会喝茶。喝茶更多是想净化自己、清醒自己，去理性思考，去感悟生活。茶能在生活中占有一席之地，这正是因为茶的功能和被赋予的文化特性。

茶叶的品饮不单是解渴，更多的是获得一种心理享受。享受茶香的君子之风、茶叶翻动的灵性之美，既有眼、耳、鼻、口、舌的感官享受，又有心里的那份惬意，那份悠闲，那份难得的宁静。让身心得到一次洗礼，在饮茶中感悟世事，从中获得启迪和前进的动力。

（三）时间上的超越

名茶之所以有名，还在于世人对其的传承延续，否则我们今人也无从得知。而文人雅士及爱茶者无疑占有话语权，他们有机会、有兴趣对茶文化进行挖掘，或叙心得，或谈感受，或叙事实。从另一方面来讲，能够使世人赞叹不已的茶必有独到之处，因为只有好茶才经得起众人一致好评，并传颂至今。

总之，好茶离不开好的技工和好的文化。技工的作用在于将茶叶的内在品质，通过最好的方式制造并呈现给世人，而文化的作用在于用适合的文学形式来挖掘茶叶的内涵。因此，名茶的打造离不开加工技术与文化宣传，二者缺一不可。当然，茶叶的品质是其成名的基础。

现代茶企重视茶叶品质的提升、加工工艺的创新与改进，但对于文化的重要作用还没有充分认识到，也缺少专业人才去打造，尤其是中小企业，更面临文化上的洗礼与更新。

重视文化不只是说说，更要从心里去重视、去打造。要使企业的茶产品成为家喻户晓的名字，非一朝一夕之功，要厚积薄发，循序渐进，要通过有文化内涵的产品进行不断宣传。

写此书很重要的目的就是让广大茶叶从业者认识到，一个茶叶品牌的成长是艰难而漫长的，需要长时间的文化沉淀。要通过多种文化宣传，将产品特色、企业理念融入其中。使人们在赞叹茶叶优良品质的同时，更能感受到精神上的无比享受，从而加深对企业产品的印象并最终使产品赢得青睐。

第二节　环境与茶

茶树生长于一地，无法移动，终其一生，长于此，故所处环境对其影响甚大。环境恶劣，茶树就会逐渐衰微并死亡；环境一般，茶树就会艰难成长，但茶叶品质不佳；环境适宜，茶树生长顺畅故其品质较好，但未必能出佳品。唯有环境与茶树达到一种最佳状态才会形成茶叶佳品，故世间茶叶虽多但佳品甚少，因其"最佳状态"难以达到。对茶叶佳品所处环境的分析，有利于在生产中优化茶树生长条件以获得较好的茶叶品质。而对于环境影响茶叶品质的论述，前人早有发现并记述。唐朝虽然已经对此有所认识，但未深究原因；宋代已对茶树生长环境非常重视，并作了相关调查和研究，包括土壤、树木以及周围"气"的不同。气的概念在宋代书中出现较多，人们对"气"非常重视，这可能与张载的气学论有关。

环境是指茶树周围存在的一切物质，包括山石、土壤、植被、泉水、空气等，既有我们能看到的，也有我们肉眼看不到的。这些围绕在茶树周围的物质影响着茶树生长，对茶叶品质构成起着孕育和决定性作用。一方水土养一方物，水土不同，营养物质必有差异。生长环境有别，内在物质形成必不同。茶在其中，根之所吸，茎之所传，叶之所化，毛孔之所积附秉聚当地风韵，形成一方之特色。茶之奇，其所处环境必非一般。或环境之特，或气候之特，或地势之特，或土壤之特，或炒制之特。品质不凡再加上炒功精制，故能铸就不凡名品。

茶树品质受多种环境因素影响，因此，陆羽《茶经》有"其地，上者生烂石，中者生栎壤，下者生黄土……野者上，园者次"之说。当然，茶叶品质之差别，不应单是土壤造成的，还涉及光、水、树木等诸因素。陆羽所言"其地"，当是指茶树生长环境。地区不同，茶叶品质不同；地区中区域不同，茶叶品质亦不同。因此，前人其实早就意识到此问题，但并未深入探讨。

应当指出，同一地，不同时期，气候、生态环境会随时间而改变，茶树生长其中，茶叶滋味、香气及品质亦会随之发生变化，故此时品质优异，之后品质变劣亦有可能。

一、山

山育万物，茶为其一，山何以能养？山为上，上蓄万物，有化卉树木、飞鸟走兽、石崖幽壑、泉水溪涧。茶生其间，吸天地之精华，享雨露之沐浴，通寒暖之灵性；可以清心悦神、驱眠涤虑、除垢去疾。

名山何以产名茶？盖名山景色优美，其生态环境必佳，因此总会形成一处适合茶树生长的地方。名山多文人雅士驻足游览，流连山色之际品茶赋诗，其乐融融。名山文化的沉淀与衬托，为名茶赋予精神内涵奠定了基础，故名茶随之名声渐振。

山势险高，气势必雄厚；山势低小，气势必柔秀，自然造化使然。高山之物必有醇厚之质，嘉小之处必有清丽之韵。故高山茶内质必醇厚、香气芳洌。而低山所产茶必滋味恬淡、香气清芬。高山之柔秀处才能出好茶，正契合阴阳调和之气。低山奇险处方能出佳茗，正是阴中有阳方能清和。再加上炒制不同，高山之地所产茶宜温火方能敛其香，低小之处宜高火方能发其味。至于平地茶，土气壅闭，肥水太腻，故香气混杂难有纯和之气，滋味太浓常有甜腻之弊。佳茗必产于佳处，奇茗当在奇地，潜移默化使然。高寒之地必在暖处，潮湿之地必在高燥方，只有做到阴阳相和才会生长出好茶。五岳中除衡山地处湖南，气候适合茶树生长外，其他四岳均不适合茶树生长，故有关茶树的论述偏少。

山茶与园茶的区别在于物以稀为贵。山茶生长环境特殊，乏人工管理，产量低但品质独特；园茶采用人工管理，肥料施用较多，产量高但品质比山茶要差。

大凡名茶产量均少，所处亦偏僻，为少人烟处。茶为灵性之物，怕俗人浊气侵袭。蒙顶茶采摘之前，须沐浴更衣也是因此。名茶开始滋味甚好，慢慢会逐渐下降的原因，与人类活动有关。对于好山出好茶的结论，历朝都有著述。

（一）山与山比较

北宋宋子安《东溪试茶录》载有"建安茶品，甲于天下，疑山川至灵之卉，天地始和之气，尽此茶矣。"茶品优异在于山川之灵。

蔡襄《茶录》云："惟北苑凤凰山连属诸焙所产者味佳。隔溪诸山，虽及时加意制作，色味皆重，莫能及也。"意即北苑凤凰山区域所产茶味佳，而其他区域如隔溪色味皆重，品质变差。

黄儒《品茶要录》亦云："壑源、沙溪，其地相背，而中隔一岭，其势无数里之远，然茶产顿殊。有能出力移栽植之，亦为土气所化。窃尝怪茶之为草，一物尔，其势必由得地而后异。岂水络地脉，偏钟粹于鼙源？抑御焙占此大冈巍陇，神物伏护，得其余荫耶？何其甘芳精至而独擅天下也。"同一种茶树移栽至不同地方，茶叶品质迥异。古人对此觉得匪夷所思，难以解释，只能用"神物伏护，得其余荫"来解释，将其归于地有神物。而茶又是最具神灵之物，故得到神物庇护的地方，其茶树品质自然甘芳至美，可见古人对于神灵之崇拜。

宋代赵汝砺《北苑别录》曰："建安之东三十里，有山曰凤凰，其下直北苑，旁联诸焙，厥土赤壤，厥茶惟上上。"凤凰山北苑茶地，土壤为赤色，茶叶品质最好。

明代许次纾《茶疏》云："钱塘诸山，产茶甚多。南山尽佳，北山稍劣。"南山之茶优于北山，地域差别如此。

田艺蘅《煮泉小品》曰："今武林诸泉，惟龙泓入品，而茶亦惟龙泓山为最。盖兹山深厚高大，佳丽秀越，为两山之主。"山厚重，茶叶品质亦佳。

（二）山中绝胜处易出好茶

古人认为地势特异、秀丽的地方易出好茶。如宋子安《东溪试茶录》云："建首七闽，山川特异，峻极回环，势绝如瓯。"是说建安茶在福建七地中位居首位，原因就是产区山势奇特、秀丽多姿，并相互回抱，像"瓯"一样。这样的地形冬暖夏凉，温度适宜。又论"石乳出鼙岭断崖缺石之间，盖草木之仙骨"，是说石乳茶生长在断崖缺石间，品质不凡，具清虚之气。

《吴兴掌故》记载：顾渚山中有明月峡，"绝壁峭立，大涧中流，其茶所生，尤为异品。"周围绝壁峭立，涧水长流不断，茶树得山石涧水孕育，环境至胜，茶品质自然异于常品。《茶疏》中将其推为仙品，"其韵致清远，滋味甘香，清肺除烦，足称仙品。"

《福建通志》所载武夷山，"梯下为茶洞，为清隐堂，四山夹峙，烟霭不绝，向产茶最佳。"产茶最佳处自是环境不凡。

蒙顶仙茶所处，"其山顶土仅深寸许，故茶不甚长，时多云雾，人迹罕至。"云雾多，茶树生长不虞；人迹罕至，其处清洁。茶得清幽之气，故品质不俗。

明代张大复所写《梅花草堂笔谈》认为武夷茶以接笋峰为上，"接笋突兀直上，绝不受滓。水石相蒸，而茶生焉，宜其清远高洁，称茶中第一乎。"茶生高处，水石之气蒸腾，故茶清远高洁。

清代江澄云《素壶便录》对于松萝茶和黄山茶为胜之原因亦有所论。松萝茶所以为胜，在于"缘松萝山秀异之故。……峰峦攒簇，山半石壁且百仞，茶柯皆生土石交错之间，故清而不瘠。"山顶秀异说明植被丰富，山川明媚，茶生其间得山石土壤之气，香气清正，土壤不贫瘠故滋味亦厚。而黄山云雾茶，"产高峰绝顶，烟云荡漾，雾露滋培，其柯有历百年者，气息恬雅，芳香扑鼻，绝无俗味，当为茶品中第一。"亦是处于绝顶且雾露滋培，云雾缭绕，所育茶树气味芳香，没有俗味，确是茶品第一。

费南辉《野语》对于顾渚茶产处道，"兹则真顾渚茶也。生于高崖绝巘，人迹罕到之处。"故虽然粗枝大叶，但味佳特甚。

民国徐珂《可言》中对于黄山麓之石井处云："茶产石罅，随山上下，天地皆青，疑非人境。"因茶产自人少之境，且产于石罅，周围植被青葱，所以品质佳。

可见名茶、仙茶所生地各有特色，与众不同。但亦有共同之处，都是环境能满足茶树最优生长，并且多是奇特之地。

产好茶之地不一定都在高山，低山亦可，但其地形环境必须秀美。丁谓亦云："凤山高不百丈，无危峰绝巘，而冈阜环抱，气势柔秀，宜乎嘉植灵卉之所发也。"意思是凤凰山虽然不高，没有百丈，地势也不险峻，但冈阜环抱，风景柔美秀丽，所以适合种植茶树。

除了山地，其他地方种茶，以斜坡为佳。明代罗廪《茶解》就讲道："茶地斜坡为佳，聚水向阴之处，茶品遂劣。"指出茶园应安排在斜坡处，斜坡不容易积水，并且能够挡北风，故有利于茶树生长，茶叶品质佳。在水多光照不足的"聚水向阴之处"，茶叶品质就不好，地势平下不宜出好茶。

二、土壤

陆羽《茶经》早有"上者生烂石，中者生栎壤，下者生黄土……野者上，园者次"之论述。茶叶品质差别与土壤关系极大，茶树生长吸收的养分主要来源于土壤中养分，当然还有其他因素。烂石、栎壤、黄土既是土壤的不同，也代表环境的不同。它们分别代表了自上而下位置的不同，"上者"即"野者"，为佳，"园者"所生多为中下之品。

宋子安《东溪试茶录》对土壤论述颇详细，看来是经过实际考察并比较后得出的结论。"其阳多银铜，其阴孕铅铁，厥土赤坟，厥植惟茶。"赤色土壤适宜种茶。"曾坑山浅土薄，苗发多紫，复不肥乳，气味殊薄。"土壤厚度不够，生产出的茶叶滋味淡薄。还有其他如赤壤、黑壤等，所产茶叶品质均不相同。

明代罗廪《茶解》认为："种茶地宜高燥而沃，土沃则产茶自佳。《经》云，生烂石者上，多土者下；野者上，园者次。恐不然。烂石由于土层较薄，所产茶叶虽有清虚之气，但难免淡薄。"此是注重茶叶滋味，滋味浓淡与营养物质丰富与否有很大关系。他也认为山高有清虚之气，只是滋味淡薄。

清代程淯《龙井访茶记》将龙井茶品质优异总结为地处湖山之胜，无非常之旱涝；土壤为沙壤相杂，而沙三之一而强；其色鼠羯，产茶最良。

土壤提供茶树生长所需养分。茶树一年之中多次采摘鲜叶，故对养分需求较多，土壤养分含量及组成对茶树生长、茶叶产量与品质至关重要。地势高低不同，土壤养分差异明显，好的土壤能够满足茶树生长又能保证香气、滋味纯正，故茶园建地的选择尤为重要。

三、植被

茶树周围植物不同会影响其香气组成，松多则气味浓郁，竹多则清香，兰桂多则花香。温、湿度影响茶叶嫩度、内含物质等。

冯时可为《茶董》作序中有："宜其地，则竹林松涧，莲沼梅岭。"种茶好地，有竹林、松涧、莲沼和梅岭。茶树能出好茶，是在竹、松、莲、梅清韵之地，故其品质脱俗。

四、温度与光照

光照与温度密切相关，光照充足之地，气温一般比其他地方要高；反之则低。温度的高低影响茶树发芽的早晚和生长的快慢，也影响茶树体内的物质积累。

陆羽《茶经》所述"阳崖阴林"即是光照调和之意。"阳崖"是指阳光照射的山崖高处，"阴林"是指树木成荫，能够遮挡一部分光照。茶树喜荫，生长于光照充足又有树木遮蔽之处，故品质好。

宋子安《东溪试茶录》中"茶宜高山之阴，而喜日阳之早"，亦是此意。而"建安茶品，甲于天下，疑山川至灵之卉，天地始和之气，尽此茶矣。"其中天地始和之气即是阴阳调和之气，因为天为阳，地为阴。而高山光照太强，茶树生于有荫蔽的地方茶叶品质才好。"而喜日阳之早"可以解释为茶树应种在山南向阳处，早上太阳能够照得到的地方，这样的地方春天温度回暖快，利于茶树早发。山南产出的茶叶品质最好。

熊明遇《罗岕茶记》认为产茶处，"山之夕阳胜于朝阳，庙后山西向，故称佳；总不如洞山南向，受阳气特专，称'仙品'。"

宋徽宗赵佶《大观茶论》云："植产之地，崖必阳，圃必阴。盖石之性寒，其叶抑以瘠，其味疏以薄，必资阳和以发之；土之性敷，其叶疏以暴，其味强以肆，必资阴荫以节之。阴阳相济，则茶之滋长得其宜。"对于阴阳调和之道更是见解独到。阴阳是指光照的明暗，温度的寒暖，水分的旱涝等；调和即是得当之意，应是光照适宜，温度得当，水分相济。茶树只有生长在温度不高不低、阴阳相济之地，才会品质佳。

《太平寰宇记》所记蒙顶茶，"山顶受全阳气，其茶香芳"，是指温度相和之意。山顶较山下温度偏低，而阳气充足有助于提高温度。

明代罗廪《茶解》云："茶地斜坡为佳，聚水向阴之处，茶品遂劣。"已认识到茶树怕涝怕寒。"聚水向阴之处"即是水多之处，光照不足温度较低。茶树虽喜水但也喜温，故种于此处茶品不好，而干燥肥沃之处如不缺水，茶的品质自然很好。

冯可宾《岕茶笺》云："洞山之岕，南面阳光，朝旭夕晖，云滃雾浡，所以味迥别也。"洞山岕茶处在山南，朝旭夕晖，云雾缭绕品质特殊。

周高起《洞山岕茶系》也提到洞山环境之胜："前横大涧，水泉清驶，漱润茶根。"强调光照充足，水分不缺。

五、水

茶树与水关系密切，水不仅供给茶树生长需要，而且还是茶叶内含物质得以显露的载体。水代表灵性，有水植物才会多样，适合茶树生长。水有利于茶叶优良品质的形成。

《绍兴府志》记："在山之阳，瀑泉怒飞，清波崖谷，悬下三十丈，称瀑布岭，产仙茗……"仙茗所出地有阳光照耀，泉水滋润、岩谷相障，可谓温暖湿润，并且地势奇特。

刘靖《片刻余闲集》记："又五曲道院名天游观，观前有老茶，盘根旋绕于水石之间，每年发十数枝。其叶肥厚稀疏，仅可得茶三二两……茶香而洌，粗叶盘曲如干蚕状，色青翠如松萝。"环境特殊利于茶树生长，故其品质佳。老茶每年只发十数枝说明生长季节温度不高，故发枝少且叶肥厚稀疏；处于水石之间，茶树得水之宜，而水石之气利于茶叶内含物质的形成。

宋子安《东溪试茶录》云："水多黄金……今北苑焙，风气亦殊，先春朝隋常雨，霁则雾露昏蒸。"降水充足茶树生长顺畅，水中物质丰富，对于茶叶品质的形成有利。

陈鉴《补陆羽采茶诗并序》曰："陆羽有泉井，在虎丘，其旁产茶，地仅亩许，而品冠乎罗岕松萝之上。"好的茶叶品质得于泉水之滋润。

六、空气

由于受时代限制，古人对于茶树生长地能出好茶的原因不能得出合理解释时，就会归结于"气"，如天地始和之气、土气、秀气，甚至归于"神物伏护"。

宋代大儒张载著《正蒙》，其理论体系为"气一元论"，认为气充溢宇宙，万物皆由气生。之后茶书中大量出现"气"的理论和论述，当受张载气学的影响。

茶树通过呼吸，与生长地周围物质之气发生交换与吸收，长久累积聚于体内，成为茶叶内在物质的一部分，这些物质加工时会与其他茶叶内在物质一样成为茶叶香气、滋味、汤色的组成。产地不同，周围"气环境"定会不一，茶叶品质必会不同。当周围的气物质被茶树吸收，并能够裨益茶叶内在物质不足，形成清正香气、清和滋味等优异品质时，就会被人们高度认可和评价，从而成为茶叶中的名品、绝品甚至仙品。

山水孕育灵茶的主要原因就在于能构建"和"与"清虚空灵"的生态环境。《长兴县志》云："罗茗产高山岩石，纯是风露清虚之气，故为可尚。"罗岕茶因为处在高山岩石上，为"风露清虚之气"所孕育，故品质佳。

宋子安《东溪试茶录》中"岂非山川重复，土地秀粹之气钟于是，而物得以宜欤。"意即土地具有"秀粹之气"，茶树生长于此，与其气正好相得相宜，故"气味殊美"，香气与滋味都很好。

而"秀粹之气"来源于环境特殊：周围山川回环，如瓯怀抱，故温度适宜；土壤为赤壤适宜茶树生长；山川秀丽，水中矿物质丰富。此环境下冬季茶树免于冻馁之苦，故利于茶树早发。而土壤适宜，水分充足有利于茶树优异品质的形成。上文所说的"秀粹之气"应是存在于环境中的各种物质，这些物质由环境中植被、土壤、空气、水分等综合而成，包括我们看不到的"气物质"。此"秀粹之气"含有的物质有利于茶树优良品质的形成。

宋徽宗赵佶《大观茶论》也认为福建建瓯处茶叶，因为"擅瓯闽之秀气，钟山川之灵禀，祛襟涤滞，致清导和"，故品质不凡。其中"秀气"亦是土壤、树群、山川等形成的特殊环境，此特殊环境有利于茶叶品质的优化形成。而"山川之灵禀"其实也包含山川之气。

李耀祖《游罗汉荡小记》云："余尤味斯茶之味外味也。盖兹山之灵，郁积磅礴，钟于物，都与外间有别，而茶又得气之先者，远近争市之……"其中之意与上述所说相合。山有灵气而茶最具灵性，故先得之，茶之味就具有山之灵气。

《霍山县志》中记："茶山，环境皆有，大抵山高多雾，所产必佳，以其得天地清淑之气，悬岩石罅，偶得数株，不待人工培植，尤清馨绝伦。"其中"天地清淑之气"即是天地清和之气。霍山茶处于高山云雾之中，得天地之和气，故品质绝伦。

《庐山志》所载云雾茶之沿革，亦云："因庐山高出海拔一千五百余米，叠石为峰，断壑为崖，清香幽液，喷流岩石上，蒸气上腾，蔚为云雾，四时不绝。茶生其间，钟泉石之灵，禀清幽之气，味凉而色秀，液清而气香。"茶生云雾之中，集中了泉石之灵气，赋予清幽之气，所以生长无忧，内质独特，滋味爽，汤色清，香气浓。

《瑞金县志》中记："茶，山阜多产，惟铜钵山为最著，以山高而土黄，得清虚之气为多也。"山高故清虚之气多，即空气清新、雨露多。茶处其中，雨露滋润有利于生长代谢，空气清新故其香气纯正。

清代王儒《闽游纪略》对闽茶有论，"其钟气于胜地者既灵，吐含于烟云者复久。一种幽香，自尔迥异。"因得地之灵气，吞吐烟云之气，故茶幽香迥异。

屈大均云："山势高，云露滋润，得太清之精英多故也。"意即山顶不单有云雾滋润，还能得天地间所含精华物质，所以宜于茶叶优异品质的形成。

范端昂《粤中见闻》对于为何高山出名茶有所阐发："茶得水中清气，兼春初生发之意，为清肃之用。故以生于山谷不受秽滓滋养者为良……盖山高云露滋润，得太清之精英多也。"山谷没有秽滓处清洁清正，茶树得水中清气和天地之自然精华物质，所以品质超凡。

诸多对"气"的描述说明古人对未知世界的探索，也是对不同茶叶品质为何不同所进行的思考。应该承认的是，由于人力认知能力有限，茶树周围存在的"气"物质不可能全部被了解，但真实存在。而这些物质对于茶叶品质的形成所起的作用究竟如何，还要经过不断研究才能得出。

事实上，每一个茶树生长区域都会生产出优质茶叶，但情况不一。

（1）满足茶树生长所需最佳条件，包括：温度适宜，没有冻害和热患；水分适宜，没有干旱和涝害；能提供茶树生长所需光照，具有其他能促使茶叶良性生长的条件，因此茶树得以优质生长并形成优异品质。此为最适宜茶树生长的地区。

（2）茶树生长条件虽不是最佳，但茶树与所生长环境能够达到一种和谐状态或优生状态。如茶树适宜在此种环境下生存，土壤所提供的物质能满足茶树生长，空气湿度及周边生物群体能使茶树处于生长较良好的状态，茶叶品质较好，此为次适宜茶树生长地区。

（3）有的茶树虽然生长条件不太适宜，如冬季很寒冷，但由于周围其他物的保护，譬如高山、大江、大树等，形成特定的区域小环境，此环境能满足茶树在特定条件下生长并形成特殊品质。温度偏低故能使茶树积累较多的抗寒物质如芳香油、糖等，这些物质对于茶叶香气成分及滋味形成有益。

只要能满足茶树基本生长条件，并且恶劣环境不会对茶树造成毁灭，尽管存在一个或几个不利因素条件，产量较低，则也会形成特殊的品质，此为茶树可以生长的地区。

每个地区都有独特性，故找准当地茶园的独特性并发挥出来，就会形成产品的特色。大多数名茶都在满足茶树基本生长环境要求上，加以人工而成。茶叶有了地区特色，形成固有品质，再通过制作技术使茶叶特殊品质充分显露；同时加以品牌知名度的不断打造，也能成就一方名茶。

应当认识到，名茶虽然可以通过人力打造，极品茶却是天地合成的，需要生长环境的高度和谐，故很难单依人力而成。在一定意义上，人事参与越少，茶品质越好，气韵才更脱俗。

第三节　制作技术

茶是由茶树鲜叶经过加工而成的，不同的加工工艺制成的茶叶亦不一样。而加工的精细程度也决定了茶叶品质的好坏，故加工过程对茶叶品质的形成起着重要作用。茶叶加工技术因朝代不同而呈现不断创新和完善的趋势。唐宋以制作团饼茶为主，加工技术由粗至精，各个环节趋于精细化，茶饼外形、色泽及图饰日趋精致。元朝主要为末茶，制作工艺仿宋团茶之制法，只是磨成茶末后不再压制成型。自明清之后为炒制茶，茶叶加工技术呈现百花齐放之态，炒制方法有多种创新，同时茶叶品类不断丰富，绿茶、乌龙茶及红茶等的制作方法逐步确立并不断完善。其中名茶的加工方法起到了示范引领之功效，在一定程度上代表了同时期茶叶制作的最高水平，尤其是贡茶的制作更是精益求精、无与伦比。当然，任何一项技术都凝聚了茶工的心血和智慧，也经历了长时间的摸索和试验，加工茶叶的各个环节无不如是。

一、唐朝茶叶制作技术

唐朝已有粗茶、散茶、末茶、饼茶多种茶类，而陆羽《茶经》介绍的是饼茶的制法，前三种茶制作方法应是沿袭以往，而饼茶制作确是唐朝开创。"晴采之，蒸之，捣之，拍之，焙之，穿之，封之，茶之干矣。"这是饼茶的制作步骤。对原料要求是晴天采，然后是蒸、捣、拍、焙，其中还有压平，但不是所有茶饼都用，因此制成的茶饼有的平正，有的就坳垤，所谓"蒸压则平正，纵之则坳垤。"在下文中虽然也谈到"出膏者光，含膏者皱；宿制者则黑，日成者则黄；蒸压则平正，纵之则坳垤，此茶与草木叶一也。茶之否臧，存于口诀。"但未深入展开，只说存于口诀。总体来说，唐朝的饼茶制作技术还并不完善，对各项环节的要求并不严格，但无疑已认识到加工也是导致茶叶优劣的原因之一。

应该指出的是，唐朝还存在其他加工方法。《茶经》中介绍茶有散茶、末茶之类，其技术自与饼茶加工技术不一样。据吴觉农《茶经述评》所讲，唐朝出现了炒青法，但未广为流行。

二、宋朝茶叶制作技术

宋朝时，人们在唐朝制饼技术的基础上不断完善并加以创新，技术已非常精湛，其精制技术诸如材料的挑选、水火的炼制、外形的精饰都达到极高水平。赵佶《大观茶论》中谈到"故近岁以来，采择之精，制作之工，品第之胜，烹点之妙，莫不盛造其极。"可以说是至允至当、合乎实际，这从宋朝茶书中可以看到。赵汝砺《北苑别录》详细描述了制作贡茶团饼的工艺流程，并对各个环节提出了严格要求。

采茶：日出之前采完。

拣茶：统一标准，互不混杂。"凡茶以水芽为上，小芽次之，中芽又次之。"水芽，是小芽中之最精者也。中芽，古谓之一枪一旗是也。

蒸茶："茶芽再四洗涤，取令洁净，然后入甑，俟汤沸蒸之。"蒸之前须洗干净。

榨茶：小榨去水，大榨出其膏。"水芽则以马榨压之，以其芽嫩故也。"总之要去水去膏。

研茶：茶芽不同，研茶水次不同，从二水至十六水不等。"上而胜雪、白茶，以十六水，下而拣芽之水六，小龙凤四，大龙凤二，其余皆以十二焉。自十二水以上，日研一团。自六水而下，日研三团至七团。每水研之，必至于水干茶熟而后已。"

造茶：入圈制銙，随笪过黄。有方銙，有花銙，有大龙，有小龙。

过黄：其銙之厚薄。銙之厚者，有十火至于十五火，銙之薄者，亦八火至于六火。火数既足，然后过汤上色。

从以上步骤可以看出，制作贡茶的全过程很详备，每一个环节都要求严格，其中研茶水次和过黄火次复杂繁琐，尤其讲究火候。贡茶的制作精细完备，故其外形无与伦比，很难复制，代表了宋朝团饼制作技术的最高水平。

三、明朝茶叶制作技术

明朝得功于明高祖的令行，人们崇尚自然，追求茶叶的本真，因此茶叶加工不再像宋朝时的竭尽事功、糜耗财力，而是采用炒制而成。这种茶叶制作技术或者方法应该早已存在，但未流行，只是少量存在，至明朝才逐步推广开来，成为主要加工方法。唐朝刘禹锡《西山兰若试茶歌》就曾提到过茶叶炒制的事实。唐朝的散茶不知道是否就是此类？但统治者爱好团饼，所以唐宋两朝的贡茶均为团饼茶，其他茶类就无人关注，显得微不足道了。

明朝时不再制作团饼茶，对于绿茶制作技术，在沿袭前人的基础上，人们做了多种探索，出现了不同的茶叶加工方法。这一时期开创的炒青新工艺，能将茶叶内含物质得到更好地释放，尤其在香气的展露上更显突出。炒青茶外形的多样、香气高长的不同、滋味汤色的多变无疑丰富了茶文化的内容，斗茶之风更加兴盛。

（1）蒸青。岕茶沿袭饼茶的蒸青技术，只蒸不炒。故有言"岕之茶不炒，甑中蒸熟，然后烘焙。"

（2）日晒茶（白茶）。田艺蘅在《煮泉小品》中认为"芽茶以火作者为次，生晒者为上，亦更近自然，且断烟火气耳。"生晒茶，已不是绿茶，而近白茶。为追求自然本真，在制茶上讲究还原茶叶本性，尽量减少外界侵染。这也说明，明朝时茶叶的制作已呈现多种方式，人们在追求茶叶本真的过程中不断探索，茶叶加工技术不断创新和发展。

（3）炒青。炒茶技术历经不断探索、修正和完善。许次纾《茶疏》讲述杀青过程为"先用文火焙软，次加武火催之。手加木指，急急炒转，以半熟为度。微俟香发，是其候矣。"即开始先文火，后武火，没有摊青过程。而"然火虽忌猛，尤嫌铛冷，则枝叶不柔。以意消息，最难最难。"对炒制茶叶深有实践，最重要的是火候得当，"以意消息，最难最难。"

高元濬《茶乘》却认为"茶新采时，膏液俱足。初用武火急炒，以发其香……欲全香、味与色，妙在扇之与炒，此不易之准绳。"

程用宾《茶录》中谈道"大要得香在乎始之火烈，作色在乎末之火调。逆挪则涩，顺挪则甘。"罗廪《茶解》中提到"茶叶新鲜，膏液具足。初用武火急炒，以发其香，然火亦不宜太烈。"两者都很明显改变了许次纾的炒制方法，认为应先用武火发其香，此后成为炒制绿茶不变之准绳。罗廪还详细介绍了炒制过程，"炒茶，铛宜热；焙，铛宜温。凡炒止可一握，候铛微炙手，置茶铛中，札札有声，急手炒匀；出之箕上，薄摊用扇搧冷，略加揉挪。再略炒，入文火铛焙干，色如翡翠。若出铛不扇，不免变色。"可以看出此时的炒青之法已很完备，所缺惟精细化制作。

黄龙德《茶说》增加了前期茶叶摊青。"采至盈籯即归，将芽薄铺于地，命多工挑其筋脉，去其蒂杪。"最后作型，"其茶碧绿，形如蚕钩，斯成佳品。"这与现在的卷曲形绿茶大体相同。

明朝的炒制绿茶工序已很完备，从摊青、杀青、揉捻到作型，与现今的基本相同。

四、清朝茶叶制作技术

清朝时，人们继续在炒制技术上提升和改进，绿茶加工技术基本成熟，乌龙茶、红茶、白茶多种茶类加工技术初步成形。胡秉枢《茶务佥载》记："绿茶制法有二，一曰炒青，一曰烘青。盖炒茶之法，以火色最为重要，次则勤为转磨，三则调和颜料。"绿茶不单是炒青，还出现了烘青制作方法，"烘青之法，将从茶树所采之叶，略炒即烘。"同时介绍了乌龙茶与红茶的制作方法。

王复礼《茶说》则描述了三种茶叶的制作："茶采后，以竹筐匀铺，架于风日中，名曰晒青。俟其青色渐收，然后再加炒焙。阳羡岕片只蒸不炒，火焙以成。松萝、龙井皆炒而不焙，故其色纯。独武夷炒焙兼施，烹出之时，半青半红，青者乃炒色，红者乃焙色。茶采而摊，摊而摵，香气发越即炒，过与不及皆不可."阳羡岕片为蒸青,松萝、龙井为炒青,武夷为乌龙茶制作,故其颜色红绿相间.

近代徐珂《清稗类钞》总结了当时茶叶技工技术已相当成熟,包括绿茶、乌龙茶(其实是红茶).

制绿茶:绿茶之制法,将采下之嫩叶入蒸笼蒸之,或置釜中炒之.至叶带黏而发香时,即取出平铺,以扇扇之使冷,复入焙炉,且焙且揉,使渐干燥,再移于火力稍弱之焙炉,反复揉擦,至十分干燥而后已.

制乌龙茶:乌龙茶,闽、粤等处所产之红茶也.当生叶晒干变黄后,置槽内揉之,烘之使热,再移于微火之釜而揉结之,以布掩覆,使发酵变红而成,香味浓郁,为茶中上品.

清代康特璋、王实父《红茶制法说略》则详细介绍了红茶制作工艺.

(1)采摘:先从向阳之枝,择取其叶之肥嫩者.

(2)卷叶:有手工揉搓与机械碾压两种,卷之前先将青叶暴晒绵软.

(3)变色:碾压之后,视其色之深浅,令其多受空气,晴则置诸日中,阴则置诸炉侧,以其色之合宜为度.

(4)烘焙:有烘炉与机械两种方式.

(5)成分:将每次所烘焙茶,随时化验香气成分差别,并标记以区分等级.

(6)做净:用筛分粗细并分别归类.

(7)装箱.

可以看出,制法基本与现在一样,要经过日晒萎凋与变色,只是变色方法不同,现在有专门的发酵池.

清朝六大茶类加工方法已基本完备,但大体以绿茶为主,红茶、青茶为辅,还有黑茶,在此不再赘述.

茶叶加工技术像其他技术一样都经历萌芽、发展、成熟的过程.从唐朝之前的茶叶粗制(制作方法当借鉴其他食物制法),到唐朝时期的饼茶略制,再到宋朝时期的饼茶精制,这些均属于蒸青绿茶,只是外形不同而已.明清时期绿茶炒制方法的出现和不断完善,极大地提高了茶叶品类数量,乌龙茶加工应是在绿茶加工过程中偶然发现并形成的,红茶、黑茶又是在其基础之上形成的,它们的区别在于发酵时间和程度不同而已.其实除了绿茶,其他如白茶、青茶、红茶、黄茶、黑茶五种茶类均为发酵茶,只是发酵时间有的在前期,有的在后期,有的是全过程,可以说都是基于绿茶加工工艺而形成的。

茶叶制作技术的不断完善与成熟，为名茶的大量产生创造了条件。技术的多样化、人们对茶叶需求的多样化，促进了名茶的产生和品质的提高。名茶的制作技术代表了当时的最高水平，对茶叶制作整体水平的提升作用巨大。

第四节　文　化　力

茶业的繁荣与文化的发展是相互促进、共同提高的。茶业经济的产生、发展、完善为茶文化的萌生、发展提供了生长的土壤。文化是对生活实际的总结和提炼，来源于生活真实状况，但落后于实际时间。茶业的发展促进了茶文化的萌发，有诗歌，有赋文，有茶书，有杂文，表现形式多样，多以已有文化形式出现。文化的发展同样为经济的发展提供了长久动力，茶叶成为更多诗人的歌咏之物，成为更多文人雅士的著述题材，成为更多休闲生活的寄托之物，更推动茶叶相关产业的逐渐发展，包括饮茶之法的改进、饮茶用具的生产、茶叶品类的丰富、茶馆茶铺的繁荣，等等。文化更为名茶的形成与永久传唱提供支持与动力，茶因文而名，因文而不衰，文化的潜移默化之功不会随时间而灭，只会历久而更有韵味。

唐代茶叶发展由少至多，各种与茶相关的生活形式呈萌芽初发之态，故文化形式亦是刚开始，文字资料故少。唐朝茶文化有几个第一：第一本茶书《茶经》出现，第一水记《煎茶水记》，还有第一个茶表，第一首茶诗等。唐朝以诗著称，但茶诗很少，这也与茶业经济的发展特点有关。

宋代在唐代基础之上继续前行。宋代以词著称，诗被掩光芒。其实宋代诗人知名者很多，诗成就亦很高。而词至宋代始盛，宋词以量多质优鳌霸历代。宋代的茶书虽较唐代的多，但多集中于北苑贡茶和建茶，其他少有涉及。斗茶之风兴盛，从贵族到平民，概莫能外。

明代随着印刷业的兴盛，茶书兴起，著述之多为历代未有，可见茶进入日常生活之深。茶书内容涉及广泛，实践与理论结合较好，出现了很多精品。而茶诗较少，佳篇不多。

清代茶饮遍及全国，进入到生活的方方面面。城乡茶馆遍布，专卖茶叶的商店、茶庄、茶行、茶号也纷纷出现，茶业经济呈现出洋洋大观之态。清代茶书较少，茶诗不多，缺乏高水平的作者是主要原因。

一、茶文化形式

在茶文化之中，以名茶文化最为显著，名茶千年不衰得益于文化的影响力。如顾渚紫笋茶经历唐、宋、元、明四代，不仅因为是第一家皇家官焙茶，更是因为文化的千年传唱才造就其不衰。茶文化自唐朝开始发展，名茶文化充溢其中，担当大任，留下了许多佳话。文化具有连续性，也具有时代性。文字题材在不同时期重点不一，唐代以茶诗为主，宋代则出现诗、词、赋、记百花齐放之状态，明代以茶书为主、散记次之，清代则文化散漫，偏重于商业发展。不同时期文化大家既因文化促成，亦因世代成就。文化形式多样，包罗万象，凡是用文字表达的皆可称之为文化。茶文化包括很多，单就主要表达方式而论，有诗词歌赋、茶书散记、谢表书法等。

（一）茶书

唐朝茶书不多，主要谈及茶与水。茶以顾渚紫笋为对象，陆羽《茶经》中的造茶就是顾渚紫笋茶的制作工艺，当然这是在顾渚紫笋茶成为贡茶之前。他还写了《顾渚山记》，可见与茶山往来之密。皎然与陆羽交厚，亦有《口诀》一书。

陆羽《茶经》著于 780 年前后，后重新修订，具体成书时间未确定。以整理、搜集、归纳、总结为主，其中亦有个人实践获知和自己的发明创造，关键是开创了前人所未有，所以占据先机，为后人所学之典范，是我国目前所知第一部茶书。

书中《三之造》谈及制造的主要步骤："晴，采之，蒸之，捣之，拍之，焙之，穿之，封之，茶之干矣。"其实这应是唐朝茶饼制作的普遍方法，顾渚紫笋茶亦是用此法。《八之出》则对全国产茶地进行比较阐述，尤其对名茶产地做了记录。

张又新《煎茶水记》另辟蹊径，对品茶用水阐述己论，开后世品水之端。茶水并论，唐朝无疑为后代茶文化发展路径指明了方向。

宋代茶书中一多半以北苑贡茶为著述对象，可见贡茶之盛。其中以蔡襄《茶录》、宋子安《东溪试茶录》、宋徽宗赵佶《大观茶论》、熊蕃《宣和北苑贡茶录》最为著名。

明代印刷业兴盛，带来书籍著录印刷的高潮。茶书虽大多为总结前人著述为主，但亦有佳品出现。张源《茶录》、许次纾《茶疏》、罗廪《茶解》、黄龙德《茶说》等为著名。明代岕茶受宠，有五部茶书专论岕茶，分别为冯可宾

《岕茶笺》、周高起《洞山岕茶系》、周庆叔《岕茶别论》、熊明遇《罗岕茶记》
与佚名《岕茶疏》。岕茶出在湖州、常州与江苏宜兴，也是唐贡山之处。罗岕
与顾渚山相邻，洞山岕为宜兴茶山老庙后所产，为阳羡茶。其他茶书对古代名
茶也多有论述，茶品众多。黄履道《茶苑》收集最广，对各地名茶均做记载。
本书所论十二名茶亦在其中，并且篇幅颇多。

清代茶书很少，佳品不多。程淯《龙井访茶记》单论龙井茶，所言甚详。
陆廷灿《续茶经》收集甚丰，可谓清之前茶叶史料之集大成者。

（二）诗词

唐朝以诗著名，茶亦成为歌咏之物。与顾渚紫笋茶有关的诗，有张文规
《湖州贡焙新茶》，其中"牡丹花笑金钿动，传奏吴兴紫笋来"传为美谈。

白居易《夜闻贾常州、崔湖州茶山境会亭欢宴》中"遥闻境会茶山夜，珠
翠歌钟俱绕身。盘下中分两州界，灯前各作一家春。青娥递舞应争妙，紫笋齐
尝各斗新"，亦为风雅。

杜牧《题茶山》将督造贡茶之事写得清新自然。另有皎然《顾渚行寄裴方
舟》谈及茶山茶事。

陆龟蒙则置茶园在顾渚山下，种茶制茶以乐，并与皮日休相和，两人各做
茶诗十首谈及顾渚山制茶之事。

唐诗之胜，宋词之媚。唐诗无论从数量到质量为历朝所未有，至宋代已难
以突破。而文化之盛承前启后，自然有承载之处。宋词在继承唐诗的基础上，大
胆开拓，文字更加自由奔放，音律更加和谐流畅，涌现出大量词人，从而开一代之
盛况。宋词虽多吟情叙志，但也有咏物之作。茶叶的词不多，但也有一些特色。

其中有苏轼《西江月·茶词》，"龙焙今年绝品，谷帘自古珍泉。雪芽双井
散神仙。苗裔来从北苑。"词的上阕写了名茶北苑龙焙与双井，下阕将两种茶
用谷帘泉烹煎进行比较，看谁更优。沸水翻滚，茶盏内乳花漂浮，不知谁更胜
一等。

黄庭坚《满庭芳茶》中"北苑春风，方圭圆璧"，谈及北苑茶外形。

米芾《满庭芳·咏茶》中"密云双凤，初破缕金团"，谈及密云龙茶。

宋代茶诗虽比词稍差，但也不俗。茶诗人众多，好诗佳句唾手可得，其中
以蔡襄《北苑十咏》谈及北苑贡茶最为详细。

明清茶诗词佳品不多，在此不叙。

（三）歌赋

继杜育《荈赋》之后，唐代顾况写了《茶赋》，其中"罗玳筵、展瑶席，

凝藻思、开灵液，赐名臣、留上客，谷莺啭、宫女颦，泛浓华、漱芳津，出恒品、先众珍，君门九重、圣寿万春，此茶上达于天子也。"将贡茶之作用详说殆尽。

宋代茶赋增多，以吴淑《茶赋》、梅尧臣《南有嘉茗赋》、黄庭坚《煎茶赋》最为有名。茶赋对当时名茶多有表述，对我们了解当时名茶有很大帮助。

茶歌以唐代卢仝为先，其《七碗茶歌》颇有神韵，李郢《阳羡春歌》亦颇可赏。

李郢《茶山贡焙歌》："凌烟触露不停采，官家赤印连帖催。……研膏架动声如雷，茶成拜表贡天子。……半夜驱夫谁复见，十日王程路四千。"将贡茶之事写得淋漓尽致。

宋代茶歌增多，有熊蕃《御苑采茶歌十首》、范仲淹《和章岷从事斗茶歌》、黄庭坚《戏答欧阳诚发奉议谢余送茶歌》，以白玉蟾所歌甚广。《茶歌》中佳句"枝头未敢展枪旗，吐玉缀金先献奇。雀舌含春不解语，只有晓露晨烟知"，将早春茶芽萌发之次序用拟人化手法写出，颇有韵味。茶芽刚开始萌发时有鳞片为白色，芽为嫩绿色，故称"吐玉缀金"，芽头因不大故称为"雀舌"。然后写煮汤煎茶经过，"绿云入口生香风，满口兰芷香无穷"，茶汤入口，香气高长，满口生香。而"天炉地鼎依时节，炼作黄芽烹白雪"，亦是想象奇开，天为炉，地为鼎，茶为天地而成。

《九曲櫂歌十首》将武夷山九曲景色写尽，对我们了解茶叶产地很有帮助。其中一首"仙掌峰前仙子家，客来活火煮新茶。主人遥指青烟里，瀑布悬崖剪雪花"，可知武夷山宋朝时就已产茶。

清代以赵熊诏《阳羡采茶歌》有名，对阳羡茶的采摘、制作、交易做了歌咏。

（四）谢表

唐朝开启赐茶之事，朝廷赐大臣新茶以示恩宠，大臣上表谢恩亦是礼仪必需。其中有韩翊《为田神玉谢茶表》、刘禹锡《代武中丞谢赐新茶表》、柳宗元《为武中丞谢赐新茶表》，均表感恩之情、惶恐之意。

宋朝则以丁谓《进新茶表》和王安石《谢赐银盒、茶、药表》有名。《进新茶表》中"产异金沙，名非紫笋。江边地暖，方呈彼茁之形；阙下春寒，已发其甘之味"是言北苑贡茶。

（五）书法

宋朝书法以蔡襄最为著名，其次是苏轼。二者书法各有千秋，蔡襄以小楷为著。欧阳修曾赞叹："善为书者以真楷为难，而真楷又以小字为难。……以此见前人于小楷难工，而传于世者少而难得也。君谟小字新出而传者二，《集古录目序》横逸飘发，而《茶录》劲实端严，为体虽殊，而各极其妙，盖学之至者。"

蔡襄法书主要有《北苑十咏诗帖》，包括《出东门向北苑路》《北苑》《茶垄》《采茶》《造茶》《试茶》《御井》《龙塘》《凤池》《修贡亭》十首，另有《茶录》《新茶帖》《精茶帖》等。

《扈从帖》帖文为："襄拜，今日扈从径归，风寒侵入，偃卧至晡。蒙惠新萌，珍感珍感，带胯数日前见数条，殊不佳，候有好者，即驰去也。襄上公瑾太尉阁下。"是为谢受茶。

《精茶帖》帖文为："襄启，暑热，不及通谒，所苦想已平复。日夕风日酷烦，无处可避。人生缰锁如此，可叹可叹。精茶数片，不一一。襄上公瑾左右。"是为赠别人茶。

苏轼以行书而著，书法主要有《啜茶帖》《一夜帖》《新岁展庆帖》。《一夜帖》帖文为："一夜寻黄居寀龙，不获，方悟半月前是曹光州借去摹揭，更须一两月方取得。恐王君疑是翻悔，且告子细说与，才取得，即纳去也。却寄团茶一饼与之，旌其好事也。轼白季常。廿三日。"帖文意是说，苏轼将借王君的字帖又借与曹光州摹揭，还未归还，故托于好友说情，并随寄一团饼茶以示歉意。

二、茶文化作用

茶文化的作用主要表现在：保存了大量的茶历史资料，促进了茶叶作为饮品的不断发展，丰富了人们的生活。

（一）保存了大量的茶历史资料

茶文化的作用自不细说，很明显，我们现在所了解的古代茶历史均是通过文字、图画、建筑及考古所获得的，这就说明了文化的重要性。没有文字的记载和传承，我们对于古代文化一无所知，对于现在事物的发展过程也将一无所知。没有了文化的传承，我们就只能在黑暗中摸索前进。而有了文化的传承，我们就会站在前人的肩膀上看得更远。同时文化给了我们自信，使我们有理由相信，凭借我们先人的智慧和今人的超越，一切都会推陈出新，不断发展。

（二）促进了茶叶作为饮品的不断发展

茶叶从开始被人们发现利用到成为饮物的演变，经过了很长时间，不管是作为食物还是药物,其本身的物性决定了茶的处境。其作为食物,由于味苦所以用途受限,人们好甘爱美的天性决定了对苦味的天然排斥。作为药物,茶叶的功能仅限于对人体的保健与预防功效,治疗功效并不突出。茶叶作为饮品是中国古代人民的创造,既可以解渴又可以增强体质。自此之后,茶叶的全新发展之路开启了。对茶叶保健功能的述说与引导离不开文字的阐述和表达,人们通过文字对茶叶有了深入了解和更多的认同,并逐渐将其融入日常生活,成为不可或缺的一部分。从开始的无人知晓到现在的人尽皆知,文化在其中发挥了重要的作用。

1. 茶饮萌芽

西汉时期,人们对茶叶药物功能的认知使茶叶从食物中分离开,并在三国时成为保健饮物,这其中有《神农食经》的启发之功。《三国志》开始记录"荼荈代酒"之故事,此是首例文字记载,虽是"荼荈",根据晋朝相关资料证实,应是茶无疑。"茶"字在唐朝中期才被确定并推广应用,因此,唐之前茶事真伪混杂,不好区分。故晋代刘琨《与兄子南兖州刺史演书》有"吾体中烦闷,恒假真茶,汝可信致之"之语,可见茶有很多种,茶属植物较多,苦味相似,饮物中混杂不一,还未将"真茶"确定下来。倒不知刘琨所说的真茶是何种茶属植物的鲜叶?因宋代宋子安《东溪试茶录》中记载茶树就有七种,其他茶属植物更不在少数。茶叶正式成为饮物是在三国后期、两晋时代,茶饮也只是在上层社会为少数人所钟爱。茶饮之风始开当在唐朝,茶饮之盛是在宋朝之后的事。

2. 唐朝茶饮之风始开

饮者大抵以文人雅士居多,平民中随地区不同而有差异,大抵江淮以南地区茶饮逐渐推开,以北地区茶饮较少。

斐汶《茶述》对茶叶功能描述道:"其性精清,其味浩洁,其用涤烦,其功致和……得之则安,不得则病。"经过文人的阐发和渲染,茶叶的保健功能引起了更多人的兴趣,茶叶品饮逐渐推广,世人好茶之风愈演愈烈。

3. 宋朝茶饮大盛

在唐朝的基础上,宋代饮茶之风更盛。尤其是在宋徽宗及众臣的号召和引导下,无论是王公大臣,还是平凡百姓,都将饮茶看作生活的一部分,以饮茶为荣、斗茶为乐的风潮波及全国。饮茶的风行带动了茶文化的丰富发展,茶书、茶记、茶诗、茶词等争相斗艳、风骚一时。

黄儒《品茶要录》云:"自国初已来,士大夫沐浴膏泽,咏歌升平之日久矣。夫体势洒落，神观冲淡，惟兹茗饮为可喜。"国家安定，士大夫享受太平生活，饮茶成为休闲的重要内容。茶叶能够提神定志，故能引得众人以此为尚。

宋徽宗赵佶《大观茶论》言："祛襟涤滞，致清导和，则非庸人孺子可得而知矣，中澹间洁，韵高致静，则非遑遽之时可得而好尚矣……缙绅之士，韦布之流，沐浴膏泽，熏陶德化，盛以雅尚相推，从事茗饮。"封建最高统治者一定性，大臣们更是趋之若鹜。茶饮可以致清和，是高雅行为，故茗饮之盛波及全国。此后，大臣们纷纷著述以歌咏贡茶之美，宋代茶书基本上是以建茶尤其是北苑贡茶为写作对象，也就容易理解了。

4. 明朝茶饮开新貌

明代茶叶加工技术的创新，丰富了茶叶品饮的内容，斗茶之风盛于往朝。明代以茶书、茶记为主，在历代中茶书最多。

朱权《茶谱》云："茶之为物，可以助诗兴而云山顿色，可以伏睡魔而天地忘形，可以倍清谈而万象惊寒，茶之功大矣。……食之能利大肠，去积热，化痰下气，醒睡，解酒，消食，除烦去腻，助兴爽神。"对茶叶之功给予了全面总结：茶既可以驱睡意启发诗思，交流加深感情；又可以调和身心，强身健体。

5. 清朝茶饮丰富发展

清朝茶类有绿茶、红茶、青茶、黑茶等，茶类的丰富给茶文化增添了更多元素、更多题材。茶叶生产面积及数量逐渐扩大，不单是满足国内消费者，更多茶叶走向国外，茶叶出口与贸易逐渐扩大。

（三）丰富了人们的生活

茶文化覆盖了文字所能表达的范畴，从诗歌到文赋，从茶具到故事，从绘画到书法，等等，包罗万象，无奇不有。人们在饮茶之余，可以各秉其能，各畅所欲，既抒发心中所想，又倾注心中所愿，从而心中有寄托，生活更丰富多彩。

文化对名茶的形成起到巨大促进作用，名茶之所以成名在于其知名度。文化的传播是最快、最持久的，也是最有效果的。众人有追捧之风，文化有引领之效。茶叶品质虽好，亦要加以宣扬才会引起注意，故文字的力量得以显现。人们品茶之时，不再单纯为了解渴，更多是一种精神追求和满足。文化的艺术魅力，恰在于能够丰富人们的精神生活，其作用不言而喻。

第五节　水　与　泉

茶树与水关系密切，生长过程对水分需求巨大。水不仅供给茶树生长需要，而且还是茶叶内含物质得以显露的载体和助推剂。古代茶树主要在条件适宜的南方生长，平时降水基本能满足茶树生长所需，人们在日常管理中对茶树灌溉极少。水的价值主要体现在茶叶的加工过程和品饮中，尤其是茶叶饮用中对水的选择更显古人智慧。对水的认知也经历了逐步深化的过程。最早对品茶用水的论述是陆羽的《茶经》，他在书中将饮茶用水分为三等，以山水为上，江水次之，井水为下。但文字较笼统，对原因较少论述。后人对水的认识范围不断扩大，认知不断深化。

一、水

水是人民生活的必需品，无论是日常饮用、做饭还是洗涤清洁，都要用到水。在古代生产力低下的情况下，水对粮食的影响至为关键。干旱缺水就会造成粮食减产甚至绝产，人们的生存就会受到威胁。故古人对水有着莫名的崇拜。

《管子·水地第三十九》曾对水做了很好的比喻：

> 水者，地之血气，如筋脉之通流者也。故曰：水，具材也。何以知其然也？曰：夫水淖弱以清，而好洒人之恶，仁也；视之黑而白，精也；量之不可使概，至满而止，正也；唯无不流，至平而止，义也；人皆赴高，己独赴下，卑也。卑也者，道之室，王者之器也，而水以为都居。

对于水的重要性，管子将水比作大地筋脉中的血，万物都离不开，都需要它的滋润，并将其作用与人的美好品德联系起来，认为水具备仁义谦卑等好的德行。

西晋王彪之专门写了一篇《水赋》来歌咏泉水的特性：

> 寂闲居以远咏，托上善以寄言。诚有无而大观，鉴希微于清泉。泉清恬以夷淡，体居有而用玄。浑无心以动寂，不凝滞于方圆。湛幽邃以纳污，泯虚柔以胜坚。或浤浪于无外，或纤入于无间。故能委输而作四海，决导而流百川，承液而生云雨，涌凝而为甘泉。

水"浑无心以动寂，不凝滞于方圆。"可谓动静兼得，灵活自如，不与世相争。虽言水，其实何尝不是说人。水出入无间，故能积小成大，积流成渊；可化为云雨，可凝为甘泉，从而泽及万物。这说明，与人们生活息息相关的水，一直得到关注和重视，只是文字的有限性决定了我们对于之前史实的认知。文字的出现落后于人类历史，对于生活的记录又何尝不是？且不说文字记载很少，能留传下来的文字资料更是少之又少。我们现在所能看到的只是沧海一粟，瀚海一滴。我们应该清醒地认识到，现在所知道的只是曾经发生在人类生活中的一部分，并且是很少的一部分。我们应该谦卑如水，不妄言知道，应该说是了解，并且是了解得极少。

水的用途广泛，生活中用到，生产中也用到。水与茶的结合则是在茶叶出现之后的事，并且随着茶叶作为饮物的逐渐普及而更加紧密地联系在一起。茶叶的制作需要水，茶叶品质的展现更需要水，使茶叶内含物质逐渐释放到水中，与水相融相伴、相辅相成。水因为茶的添加而增添滋味、颜色和香气，茶因水的浸润而风采毕露。茶叶的发现虽早，但其成为国饮却是从唐朝开始，人们对水的执著和迷恋也是始于唐朝。

天下到底有多少泉，无法统计出，但《唐六典》云："凡天下水泉，三亿三万三千五百五十有九，其在遐荒绝域，殆不可得而知矣。"其所说泉数，不知依何而来，且不管数据是否准确，但可见天下水泉之盛。由于很多泉水"在遐荒绝域"，所以我们并不了解，也不可能全面掌握。我们所知道的大多数是前人品鉴和记载流传下来的。唐朝张又新《煎茶水记》仅是对江南地区部分泉水进行比较，得出二十水之说。后世好事者虽有增益，但也是为数很少，未知或未成名者还有很多很多。对于未知事物，人类还有很长的路要走。因此对天下泉水进行等级分类，是不科学的，也是不符合实际的，若就一区域来说，也仅勉强说得过去。对于古人的品水之说，我们应更多地学习古人对于事物的探索精神。

（一）唐朝开品水之先

陆羽《茶经》在谈到煮茶用水时云："山水上，江次之，井为下。"首次将水分为三等，此后在很长时间内被封为圭臬。五十多年之后的张又新在《煎茶水记》中将水分为二十等次，开启了品水之端，寻水之风。

> 庐山康王谷水帘水第一；
>
> 无锡县惠山寺石泉水第二；
>
> 蕲州兰溪石下水第三；
>
> 峡州扇子山下有石突然，泄水独清冷，状如龟形，俗云虾蟆口
>
> 水，第四；
>
> 苏州虎丘寺石泉水第五；
>
> 庐山招贤寺下方桥潭水第六；

扬子江南零水第七；

……

此二十水，余尝试之，非系茶之精粗，过此不之知也。夫茶烹于所产处，无不佳也，盖水土之宜。离其处，水功其半，然善烹洁器，全其功也。

其实他在书中所谈到的，主要局限于江南等部分地区（包括江西4地，江苏6地，湖北2地，湖南1地，河南1地，陕西2地，浙江2地，四川1地）的部分水泉，并未涉及全部，因此就有一定的片面性和局限性。再者个人审判标准不一，很难说服众人。之后就有人提出不同说法，但其开创性毋庸置疑。后人逐水品水，煮茶品茶相继成风，遂成一方美谈。他提出的二十水也成为后人品评的对象。

水对烹茶如此重要，故唐代开始即有贡水之目。据《西吴记》云："金沙泉在顾渚山，碧泉涌，沙粲如金星。唐学士毛文锡有记，唐贡泉用二银瓶。"金沙泉水被作为贡水与贡茶一起上奉到唐朝廷。同朝宰相李德裕好惠山泉，《芝田录·李德裕》记载："李太尉……在中书，不饮京城水，悉用惠山泉，时有水递之号。"诗人皮日休作《题惠山泉》讥之："丞相长思煮泉时，郡侯催发只忧迟。吴关去国三千里，莫笑杨妃爱荔枝。"

（二）宋朝对水的深入认知

唐朝认识到水对煮茶的重要性，但未论详细，至宋朝才究其因。宋徽宗赵佶在《大观茶论》中曰："水以清轻甘洁为美。轻甘乃水之自然，独为难得。古人品水，虽曰中泠、惠山为上，然人相去之远近，似不常得。但当取山泉之清洁者。其次，则井水之常汲者为可用。若江河之水，则鱼鳖之腥，泥泞之污，虽轻甘无取。"他认为，水轻并且甘甜最为难得，将好水的标准用"清轻甘洁"来衡量。平时用水只要"清轻甘洁"就很好了，并不一定非要拘束于山泉，井水之常汲者亦可用，但江河之水因为不卫生而不能用。

叶清臣《述煮茶泉品》中曰："居然挹注是尝，所得于鸿渐之目，二十而七也。"作者品饮了二十水中的七种，即虾蟆窟、蜀冈井、扬子江、观音泉、惠山水、虎丘、淞江之水，认为前贤的品鉴是正确的。

大文豪欧阳修对水亦有己论，他在《大明水记》中对唐朝陆羽、张又新品水之说提出异议。他认为张又新"妄附益之"，认为天下水太多，陆羽不可能次第分辨，并认为浮槎山水好于龙池山水，而陆羽却弃而不用，以此为例指出对水的排名"颇疑非羽之说"。其实也有另一种可能是随着时间推移，水源发生变化，以前泉水品质优，由于人力等原因堵塞或品质转劣都是有可能的。"然此井，为水之美者也。羽之论水，恶渟浸而喜泉源，故井取多汲者。江虽长，然众水杂聚，故次山水。惟此说近物理云。"他认为陆羽将水分为三等比较符合实际。其实也仅是大体如此，并不完全正确，应具体情况做具体分析，不能一概而论。

胡仔《苕溪渔隐丛话》中曰："龙焙泉，即御泉也。水之增减亦随水旱，初无渐出遂涸之异。但泉味极甘，正宜造茶耳。"宋朝北苑贡茶闻名于世，龙凤团饼以制作精良弥足珍贵。而制作过程中研磨和过汤都要用水，故水质对于茶叶的品质至关重要。龙焙泉正处于北苑贡山，专门用于造茶，水质极甘，用其造茶，品质优良。故《西溪丛语》说："建州龙焙面北，谓之北苑。有一泉极清淡，谓之御泉。不用其池水造茶，即坏茶味。"水质不良，就会影响茶叶品质，可见水之重要。

钱易《南部新书》曰："天下贡赋，惟长安县贡土，万年县贡水。"其中谈到万年县（今江西省上饶市辖县）贡水，此水不知为何水。

（三）明朝对水认知的完善

明代的茶文化已经高度发展和成熟，茶叶著述超出前朝，对茶与水的认知和取材也不断深化和扩大。

钱椿年《茶谱》谈道："凡水泉不甘，能损茶味之严，故古人择水最为切要。山水上、江水次、井水下。山水乳泉漫流者为上，瀑涌湍激勿食，食久令人有颈疾。江水取去人远者，井水取汲多者。如蟹黄、混浊、碱苦者皆勿用。"山水中漫流者可用，而湍激者不能用。对江水的选择要离开人居远的地方，水的清洁才有保证。井水质量不好，出现浑浊、碱苦等不能用，否则对茶叶的滋味会造成很大影响。

万邦宁《茗史》中谈到"苏蔡斗茶"的故事，曰："苏才翁与蔡君谟斗茶，蔡用惠山泉。苏茶小劣，用竹沥水煎，遂能取胜。竹沥水，天台泉名。"泉水之优劣对于茶品质的审评至关重要，此言天台泉胜于惠山泉，可见好泉常有。张又新所论拘于一隅，未为全论。"苏蔡斗茶"的故事说明水对茶叶品质的呈现具有重要作用，好水或能补茶内质之不足。

田艺蘅《煮泉小品》对泉水的认知更加全面和深入。山与泉水息息相关，泉水由山蕴藏的水渗透而来。因此将山的外部情态与泉的特性对应起来，"山厚者泉厚，山奇者泉奇，山清者泉清，山幽者泉幽"，应该说有一定的道理。山的厚、奇、清、幽说明形成山的气亦是厚、奇、清、幽的，而泉水从中产生，与山气相关，得山气所孕育，故泉亦呈现为相同性状。

泉非石出者必不佳。其"泉不难于清，而难于寒"与"然甘易而香难，未有香而不甘者也"亦是一家之言，未必准确。而"泉自谷而溪而江而海，力以渐而弱，气以渐而薄，味以渐而咸。"泉水的不断流徙必然会造成一定程度的污染，田艺蘅将其归为气的不断衰减，其实只是说对了一方面。气的衰减会造成内在优良物质的不断流溢，更主要是因为外界环境也可以说是外气（不洁气）的侵入。井水则"终非佳品，勿食可也。"这应该是指一般平地上的井水，因水位浅，故水质不佳。他又提出凡瀑布水不宜饮用，庐山康王谷、洪州天台瀑布均不宜饮用，只有石出、清寒、甘香之水才是好水的说法。

其实井水中亦有佳者，唐代丁用晦《芝田录》云：

> 李德裕在中书，常饮常州惠山井泉，自毗陵至京置递铺，有僧人诣谒，……僧谒德裕曰："为足下通常州水脉，京都一眼井，与惠山寺泉脉相通。……"在昊天观常住库后是也。"德裕以惠山一罂，昊天一罂，杂以八瓴一类，都十瓴，暗记出处，遣僧辨析，僧因啜偿，取惠山寺与昊天，余八瓴，乃同味。德裕大奇之。

此说不知是不是杜撰，泉源相同亦有可能，但距离千里之外未必能是，此就李德裕水递之事借题发挥而已，仅作谈资。

明代张源《茶录》第一次提出"茶者，水之神；水者，茶之体。非真水莫显其神，非精茶曷窥其体"之论，茶叶的神韵要依靠水才能显露，而水的多姿多味也因为茶的浸入而不同。好茶和好水融合才会各展其长。

"山顶泉清而轻，山下泉清而重，石中泉清而甘，砂中泉清而冽，土中泉淡而白。流于黄石为佳，泻出青石无用。流动者愈于安静，负阴者胜于向阳。真源无味，真水无香。"对山的位置不同，其泉水的表现亦不同进行阐述，既是参照前论又是有所实践而得出的新论，都有一定科学道理。山下泉水重，为水中含物的增多造成；石中泉、砂中泉、土中泉的表现各异，亦是因为水的沉积程度和水中含物的不同而造成。"流动者愈于安静，负阴者胜于向阳。"即活水要好于死水，阴处之水要强于阳处之水。而"真水无香"的看法却与《煮泉小品》所说不同。

罗廪《茶解》提出新见解，"盖水不难于甘，而难于厚"，此处"厚"应是醇厚之意，意即水甘很常见，但醇厚难。并认为"瀹茗必用山泉，次梅水。梅雨如膏，万物赖以滋长，其味独甘。"梅雨用于煮茶仅次于山泉水，并谈了取梅水的方法，"梅水须多置器，于空庭中取之，并入大瓮，投伏龙肝两许，包藏月余汲用，至益人。伏龙肝，灶心中干土也。"梅水即梅雨，雨水总会有杂质，故罗廪自创了净水之法，可谓深有实践之功。

许次纾《茶疏》亦谈到了水的重要："精茗蕴香，借水而发，尤水不可与论茶也。"是指如果没有好水，很难判断茶的优劣，因为茶叶要依靠水的浸润才能展露出它的香气、滋味等内在品质。他还自创"洗茶"法，先讲述洗茶原因："岕茶摘自山麓，山多浮沙，随雨辄下，即着于叶中。烹时不洗去沙土，最能败茶。必先盥手令洁，次用半沸水，扇扬稍和，洗之。"然后讲到注意事项："沙土既去，急于手中挤令极干，另以深口瓷合贮之，抖散待用。"洗去尘土后及时挤干，并放在密闭瓷器中抖散待用。另提出了茶与水要"贵新贵活"，即茶要新，水要活。水贵活是指水源不断，非为死水。

沈长卿《沈氏日旦》谈到品泉心得："茶为水骨，水为茶神。大率茶酒二事，全得力于水也。"水是茶和酒内在物质得以显露的载体，没有水，两者仅拘于外形，虽能得几分，但要得十分，需要水来助力。"啜茗之趣在茶鲜水灵，茶失其鲜，水失其灵，则趣不超矣。"此与前论相同。

（四）清朝对水认知的创新

清朝在沿用前人经验基础之上，加以创新，受西方思想影响，对泉水的评判采用称重之法。清康熙二十三年《六合县志》记载了泰西熊三拔"试水法"，有煮试、日试、味试、秤试、丝绵试。从水的清浊、滋味、干净三个方面对水进行综合评价，颇具有现代科学精神。

乾隆皇帝时，亲自验证，并作《玉泉天下第一泉记》以记之。文中云："水之德在养人，其味贵甘，其质贵轻。然三者正相资，质轻者味必甘，饮之而蠲疴益寿。故辨水者恒于其质之轻重分泉之高下焉。"他认为水以轻甘为好，长饮好水能够祛病延年，并制银斗量天下名泉。京师玉泉之水最轻，斗重一两；扬子江金山泉，斗重一两三厘；"至惠山、虎跑，则各重玉泉四厘；平山重六厘；清凉山、白沙、虎丘及西山之碧云寺，各重玉泉一分。"看来世间那些名泉都比玉泉重，唯有雪水比之轻，"较玉泉斗轻毫厘"。所以，世间山水"诚无过京师之玉泉，故定为天下第一泉。"乾隆还是很有科学精神的，凡事要经过实践验证才相信，亦可使众人信服。

二、水与茶

茶叶审评过程中不同茶用同一种水，对茶叶优劣结果定会产生影响，因为不同茶叶对水内含物质的要求不一样。只有合适的水才能展现出茶叶的真正内涵，"合适的水"是指能够补充茶叶内含物质的不足，使其内含物质达到最佳显现的水。譬如所用冲泡水中的矿物质，正好能够补充茶叶内含矿物质的不足，并且能够达到最佳的口感，而这还需要不断研究探索。平时一般以原产地水较适宜。

审评比赛为了减少误差而选用同一种水，看似公平，其实并不公平。有的茶叶可能用这种水能够发挥出较好品质，但有的茶叶可能因此而大打折扣。审评茶叶选用合适的水至关重要，在前人的著述中，对于同一种茶，个人审评不一，或许与用水有很大关系。

上述十二名茶，惟松萝茶未找到相关泉水记载，其他产地则均有名泉水。水对于茶叶制作及品饮作用极大，名茶与名水相得益彰、相互成名。现列举如下。

（一）顾渚紫笋与金沙泉

《脞说》云："湖州长兴县啄木岭金沙泉，每岁造茶之所，泉处沙中。居常无水。湖常二郡太守至，于境会亭具牺牲拜敕祭泉，其夕，水溢，造御茶毕，水即微减，供堂者毕，水已半之，太守造毕，即涸矣。"

《嘉泰吴兴记》云："宋朝太平兴国三年，贡紫笋茶一百斤，金沙泉水一瓶……侧有碧泉涌沙，粲如金星，则金沙泉亦大历后所进也。"

（二）阳羡茶与於潜泉

据《宜兴荆溪县新志》记："夫阳羡固多产茶，泉之佳者何限？以今所闻，於潜之泉在湖㳇税务场后，穴广二尺所，厥状如井，源伏而味甘。唐时，贡茶泉亦上供，顾地近嚣尘，不足以当美景名矣。"

（三）虎丘茶与陆羽泉

据《吴县志》记："虎丘山距城西北七里……陆羽石井俗名观音泉，傍剑池北上。"

《江南通志》记："石井泉在虎丘山。今名陆羽泉，羽尝以此泉为天下第三。"

（四）六安霍山茶与第十泉

据《重修安徽通志》记："第十泉，在州龙穴山顶，龙池方五十尺，水味香甘，张又新品为天下第十泉。"

《六安直隶州志》记："寨基山……产茶香味异常品，有泉出石窦，甚甘。"

（五）庐山茶与第一泉

据《庐山志》记："谷帘泉在康王谷中……湍怒喷薄，散落纷纭，数十百缕，班布如玉帘，悬注三百五十丈，故名谷帘泉，亦匡庐第一观也。"《茶经》："谷帘泉水为天下第一。"

又记："云液泉，在谷帘泉侧……清冽甘寒，远出谷帘之上，乃不得第一，何也？"

（六）北苑茶与龙焙泉

《福建通志》记："北苑茶焙在凤凰山麓……有御泉亭，造茶时取水于此，景祐间重修，邱荷为记，亭之前有红云岛，今俱废。"

《苕溪渔隐夜话》云："龙焙泉，即御泉也。水之增减亦随水旱，初无渐出遂涸之异。但泉味极甘，正宜造茶耳。"

（七）龙井茶与泉

《四时幽赏录》记："西湖之泉，以虎跑为最。两山之茶，以龙井为佳。谷雨前采茶旋焙，时激虎跑泉烹享，香清味冽，凉沁诗脾。"

《湖壖杂记》云："龙井泉从龙口中泻出，水在池内，其气恬然，若游人注视久之，忽而波涛涌起。"

（八）武夷茶与泉

《武夷山志》记："台上有亭，名喊泉亭……而井泉旋即渐满，泉甘冽，以此制茶，异于常品。"

（九）蒙顶茶与泉

《陇蜀余闻》记："其旁有泉，恒用石覆之，味清妙，在惠泉之上。"

（十）碧螺春与泉

《洞庭两山赋》记："其泉则困沦鬐沸，甘寒澄碧。"

《苏州洞庭山水月禅院记》云："旁有澄泉，洁清甘凉，极旱不枯，不类他水。"

（十一）黄山茶与汤泉

清初钱谦益《游黄山记》云："山之奇，以泉以云以松；水之奇，莫奇于白龙潭；泉之奇，莫奇于汤泉。皆在山麓。"

三、其他名水

（一）扬子江南零水

扬子江南零水为扬子江心水，被唐朝刘伯刍赞为天下第一水，后世文字寥寥。至明朝潘介《中泠泉记》，详细记述了取水经过："取葫芦沉石窟中，铜丸旁镇，葫芦横侧，下约丈许。道人发绠上机，则铜丸中镇，葫芦仰盛。又发第二机，则盖下覆之，笋合若胶漆不可解。乃徐徐收铜缏，启视之，水盎然满。"由于中泠泉处于江中急流深水处，故取水时对于泉水位置及深度都有要求。中泠泉窟在江中石处，离"江心石五六步"有一石窟，泉又在石窟深约丈许处。由以上取水法可以看出，中泠泉取水不易，好水果然藏在难觅处。而后来的清朝薛书常《中泠泉辨》则记载："中泠泉在金山西北江心……惟金山以北，已成陆地，名泉湮没，良足惜耳！咸丰后，金山南淤淀日甚，不复见江。"沧桑变迁，中泠泉已很难找到，惟南泠泉喷涌如故。

康熙作《试中泠泉》诗："缓酌中泠水，曾传第一泉。如能作霖雨，沾洒遍山川。"由此看出，康熙皇帝确能心系百姓，有泽及天下之志。

（二）无锡县惠山寺石泉水

据《无锡、金匮县志》记载："第二泉，在惠山第一峰白石坞下……泉上有若冰洞，人多言泉源所出，然洞有水甚浊，而不通二泉，二泉伏涌潜泄，略无形声。池二，圆为上池，方为中池，两池中隔尺许，本有穴相通，挠之则俱动，而中池之味，遂远不逮上，盖中池便杂冰洞水，上池不杂故也，水下流而不能逆上，故不杂。"告诉我们泉的位置在白石坞下。泉水流到方圆二池中，圆为上池，上池水质好于中池（即方池）。

陆羽曾游慧山（即惠山），并作《游慧山寺记》。文中云："慧山，古华山也。……《老子枕中记》所谓吴西神山是也。其山有九陇，俗谓之九陇山，即惠山。"可见慧山历史悠久。"寺在无锡县西七里……江淹、刘孝标、周文信并游焉。"南朝时已成游乐之地。"夫江南山浅土薄，不自流水，而此山泉源，滂注崖谷，下溉田十余顷。此山又当太湖之西北隅，紫筝四十余里，唯中峰有丛篁灌木，余尽古石嵌崒而已。"陆羽游惠山，亦可能为寻水，故对山泉特为关注。

唐朝独孤及作《慧山寺新泉记》，他认为惠山泉："泉出于山，发于自然……其泉伏涌潜泄，潨溜舍下，无沚无窦，蓄而不注。"能让人于潜移默化中受到净化，从而"贪者让，躁者静，静者勤道，道者坚固。"

唐朝元结曾写过《潓泉铭》，言道："於戏潓泉！清不可浊。惠及於物，何时竭涸？将引官吏，盥而饮之。清惠不已，泉乎吾规。"潓泉以清、久而著称，能源源不断，应也甘甜，故"将引官吏，盥而饮之"。

经过几位文人对惠山泉的赞美，唐朝宰相李德裕特好惠山泉，并开启递水之事，一时传为佳话，被皮日休讥为腐败之举。"吴关去国三千里，莫笑杨妃爱荔枝。"杜牧曾作诗嘲笑杨贵妃爱荔枝一事，李德裕递水亦在三千里之外，劳民伤财其况可知。

惠山泉如此佳美，惹得宋朝诗人苏轼亦向朋友索求，在《焦千之求惠山泉诗》中写道："或为云汹涌，或作线断续。或鸣空洞中，杂佩间琴筑。或流苍石缝，宛转龙鸾蹙。"将惠山泉的流动之状刻画神似，或汹涌，或断续，或洞中流，或石缝出。

梅尧臣《尝惠山泉》诗："其以甘味传，几何若饴露。……昔惟庐谷亚，久与茶经附。"吴楚山泉众多，但如甘露者庶几，惠泉仅次于庐山康王谷泉，并因陆羽而著名。

元代张雨《游惠山寺》曰："水品古来差第一，天下不易第二泉。石池漫流语最胜，江流湍激非自然。定知有锡藏山腹，泉重而甘滑如玉。调符千里辨淄渑，罢贡百年离宠辱。"惠山泉始终为第二泉，泉水漫流，水重而甘滑。"调符千里辨淄渑，罢贡百年离宠辱"可知宋朝时惠山泉仍然作为贡水。

（三）蕲州兰溪石下水

《蕲水县志》记："兰溪石下，唐陆羽烹茶处。……尝取二水及清泉水、浠川水、江水、洗笔池水试之，四水虽相若，惟兰溪水厥色如醴，味颇醇甘。囊尝较惠山、虎丘及镇江之水亦然。决以兰溪石水为真。"兰溪水色如醴酒，滋味醇甘，与惠山、虎丘及镇江之水相同。

清乾隆时浠水知县邵应龙《已亥腊月舟泛兰溪有客馈茶清甘美询之乃陆羽第三泉也拈笔漫赋》诗中有"泉源半亩蓄方塘，荆棘纵横连阡陌。灵湫偏不受尘污，镜面平铺照眼碧"之句，可知兰溪水处于幽闭人迹罕至之处，干净碧绿。

第六章

历代茶名人

在茶业发展的历史长河里，涌动着无数茶叶爱好者的辛勤汗水和智慧明光。他们或殚精竭虑，亲身研究茶叶生产之道；或自创茶叶品饮之法，引领茶叶饮用新潮流；或讴歌赋咏，为茶叶发展鼓励前行……茶叶的发展如果没有了他们，就会缓慢难行、黯淡无光。他们辛勤的努力为茶叶的发展筑牢了根基，为茶文化的繁荣开启了明灯。

第一节　唐朝茶名人

一、陆羽

陆羽字鸿渐，一名疾，又字季疵，复州竟陵人。因为所著《茶经》一书被后人敬为茶圣。《茶经》开为茶著述之先河，虽前代有茶文，但为茶立篇则是首次。《茶经》从茶源头、制作、烹饮到茶事、茶地，对唐朝时期茶叶的发展概貌做了归纳总结，其中不乏个人的实践真知，可谓凝其心血所成。陆羽对"茶"字的最终确定功不可没，从而开辟了茶叶发展的新篇章，对茶叶史事的记叙和传承起到了正本清源的重要作用。

陆羽的一生可谓劳累奔波，困苦寂寞，"不知所生，或言有僧得之水滨，畜之。"但他聪慧有韧性，能够不断学习，勇于追求自己想要的生活。由于本性淡泊名利，故其将毕生精力注入对茶叶的考察和研究之中，终于体悟有得，纂书而成。《歌》据称是陆羽所写："不羡黄金罍，不羡白玉杯。不羡朝入省，不羡暮入台。惟羡西江水，曾向金陵城下来。"可见对功名利禄的淡漠。水之自由自在，水之卑下高扬给诗人以启迪。万物终化尘土，只有水依旧流淌不停，一切也最终要淹没在水中，人还要贪念不已吗？

陆羽一生漂泊不定，寻茶寻水，留恋山水之间、丛林之中，与皎然、皇甫冉等交善，皇甫湜《送陆鸿渐赴越序》讲到两人相伴之欢："究孔释之名理，穷歌诗之丽则，野墅孤岛，通舟必行，渔梁钓矶，随意而往，余兴未尽，告云遄征。"畅谈诗歌的写作，探究儒佛的名理，驾舟云游，去孤岛，住钓矶，"随意而往，余兴未尽"，可谓相伴甚欢。

二、皎然

皎然字清昼，为宋谢灵运十世孙，住吴兴兴国寺，与颜真卿、陆羽等交善。元和中沙门福琳专门为其立传，在《唐湖州杼山皎然传》中对其一生经历稍作概括，未为详尽。"幼负异才，性与道合"，才情极高，却喜欢淡泊名利，无欲无为，与道相合。"子史经书，各臻其极"，潜心研习，故有所得。但一心向道，心中反复，矛盾不解，最终选择坐禅悟道，尽弃世事之浮华。"我疲尔役，尔困我愚。数十年间，了无所得。况汝是外物，何累於我哉！住既无心，去亦无我。予将放汝各还其性，使物自物，不关于予，岂不乐乎?"可看出其心里挣扎的历程。"昼清净其志，高迈其心，浮名薄利，所不能唉。唯事林峦，与道者游，故终身无惰色。"福琳对其可谓深得相知。

皎然在《兰亭古石桥柱赞》中谈到陆羽所获古卧石一枚之事，可知陆羽亦爱收藏古石。"如彼陆生，不文其器。此犹可转，岂君同志。"看来陆羽未曾为石赋文，而是皎然作赞，以表其同志之意。在《九日与陆处士羽饮茶》诗中记："九日山僧院，东篱菊也黄。俗人多泛酒，谁解助茶香。"菊花已开，俗人多饮酒娱乐，而真正的茶人陆羽与皎然可谓相知相伴，品茶谈道，其意惬然。我们可以猜到，陆羽《茶经》中的很多东西未必不凝聚两人的共同智慧。而陆羽在书中也谈到"茶之否臧，存于口诀"，而皎然就写过《茶诀》一书，可惜已失传。还有另外一种猜测，那就是皎然自己销毁了。在《唐湖州杼山皎然传》中福琳就谈到"所著诗式及诸文笔，并寝而不纪"。

皎然四处云游，曾到过顾渚山，并作有《顾渚行寄裴方舟》一诗："鶗鴂鸣时芳草死，山家渐欲收茶子。"可知农家已知道收茶子用以栽种。"女宫露涩青芽老，尧市人稀紫笋多。紫笋青芽谁得识，日暮采之长太息。"能够看出市场上已有茶树鲜叶交易，并且买者少卖者多。紫笋青芽未被世人赏识，故有叹息。这应该是在顾渚贡焙院建立前之事，所以才有后来陆羽向李栖筠的推荐，顾渚贡茶才得以每年进贡。看来陆羽确实为当地茶叶发展做出了突出贡献，顾渚紫笋茶能够成名确有其一份功劳。

三、顾况

顾况字逋翁，苏州人，至德二年进士及第。《茶赋》是顾况继东晋《荈赋》之后的又一篇关于茶的赋文。顾况是苏州人，《茶赋》应也是宣扬家乡物产之作。文章虽短，但内容丰富。"惜下国之偏多，嗟上林之不生。"可知唐朝当时产茶地多处于"下国"，此处下国是指当时江南各国，亦是根据周朝时所封国而言。因当时江南各国为子爵，处于伯爵、侯爵之下。楚国为子爵，其他小国亦是，更别提蛮荒之地。"上林"是指上林苑，为汉武帝时建立的玩乐场所，里面奇花异草、名木香果众多，据《西京杂记》记有二千余种，茶作为嘉木并未被汉朝人民钟爱，在此可见一斑。到了唐朝，茶叶的地位已发生很大改变。茶叶不单成为宫廷必备饮物，寻常百姓亦离不开它。上至"罗玳筵，展瑶席。凝藻思，开灵液。赐名臣，留上客……君门九重，圣寿万春。"茶为天子所钟爱，用于宴席之饮，歌咏之物，拢臣之品，作用甚大。下至"滋饭蔬之精素，攻肉食之膻腻，发当暑之清吟，涤通宵之昏寐。杏树桃花之深洞，竹林草堂之古寺。乘槎海上来，飞锡云中至。"茶能消食解腻，清暑醒神，参禅悟道，对于平常百姓亦是有用之物。

顾况应去过湖州，其《湖州刺史厅壁记》对在湖州上任的历史名人做了汇总。"其鸿名大德，在晋则顾府君秘、秘子众、陆玩、陆纳、谢安、谢万、王羲之、坦之、献之，在宋则谢庄、张永、褚彦回，在齐则王僧虔，在梁则柳恽、张谖，在陈则吴明彻，在隋则李德林，国朝则周择从令闻也，颜鲁公忠烈也，袁给事高谠正也，刘员外全白文翰也。"晋朝时，陆纳、谢安、王羲之、王献之曾为湖州刺史，唐朝在湖州上任有名者则为颜真卿、袁高、刘全白、于頔。此记写就较早，故杜牧等未曾录入。《焙茶坞》诗中写道："新茶已上焙，旧架忧生醭。旋旋续新烟，呼儿劈寒木。"在茶坞中焙茶后，准备煮汤品茶，看来确是对茶道深悟之人。

四、张又新

据史载："又新字孔昭，工部侍郎荐子。……性倾邪。李逢吉用事，恶李绅，冀得其罪，求中朝凶果敢言者厚之，以危中绅。又新与拾遗李续、刘栖楚等为逢吉搏吠所憎，故有'八关十六子之目'。"其人品行可见一斑，为求上宠，甘于帮凶抱团，中伤异类，不择手段，故被评为"又新善文辞，再以谄附败，丧其家声云。"虽有文采，多有不义，为世不齿。

张又新人品虽不好，但他写的《煎茶水记》却是开启了唐朝寻水、品水之先，成为寻求煎茶用水的第一书。此书之启发来自刑部侍郎刘伯刍的品水心得，刘伯刍将水分为七等，扬子江南零水第一，无锡惠山寺石水第二，苏州虎丘寺石水第三，丹阳县观音寺水第四，扬州大明寺水第五，吴淞江水第六，淮水最下第七。而张又新亲自实践品尝，发现确如其说，故在此基础之上，开源拓鉴，终得二十水目。《煮茶记》之说李季卿刺湖州与陆羽品水之故事，不知是为了扩大宣传效果假托所为，还是确有其事。不管怎样，在唐朝举国饮茶的大形势下，《煎茶水记》的出现无疑是恰逢其时、推波助澜，为茶文化的丰富和繁荣注入了新的生机和活力。

此后世人不单是对好茶的寻求，更是扩大到对品茶用水的寻找和品鉴。书中所论因其拘于一域，并非完全正确，但所列的二十水却引发后人的好奇之心，品水谈水必首推之，之后再言其他。书结尾言："夫茶烹于所产处，无不佳也。盖水土之宜，离其处水功其半，然善烹洁器全其功也。"颇得茶水相宜之道，一地的茶树和泉水禀受同样之气，山石、树木、土壤大都相同，故茶叶与泉水中所含物质具有相同性；两者相遇，并无排斥之感，故说"无不佳也"。但只说对了一半，相同不如相补，最好的应该是水能补茶之不足，从而使茶叶品质得到最好的展现。

五、杜牧

杜牧，字牧之，"驾部员外郎从郁子，第进士，复举贤良方正。"杜牧文采斐然，诗文俱佳，但仕途不顺，远非所望。《阿房宫赋》更见其忧国情怀，文中通过对阿房宫宏大绮丽、布置精巧的描绘，反映了秦朝统一六国后的奢靡豪华、不可一世；而最终难免灭亡之运，速度之快超乎想象，正所谓成也慢、败也快。对于秦灭亡之教训很多史学家都有过论述，杜牧之赋短小简洁、直击根源。秦灭亡的根本原因是骄傲自大，不居安忘危，不顾百姓死活，最终身死国灭。当时的唐朝又何尝不是矛盾丛生、暗流涌动，如果统治者不以史为鉴，最终难逃厄运。

杜牧曾做过湖州刺史，亲自督造官焙贡茶。这个职位来得并不容易，是他上书三次才得来的。从这三次上书内容我们可以对他当时的情况有个大致了解。"然某早衰多病，今春耳聋，积四十日，四月复落一牙。耳聋牙落，年七八十人，将谢之候也。"可见他身体并不好，早衰多病。"气衰而志散，真老人态也。"身体不好固有先天因素，后天勤劳少养亦是主要原因。他上求湖州刺史的主要目的是为弟治病及照顾家用，可见兄弟情义之深。另外，还因为他不愿意陷入政治斗争，不喜欢钩心斗角，只想脱离当前处境，让自己充分梳理一下、放松一下，思考以后的政治道路。在担任地方官时，尤其是在督造贡茶期间，他留下了一些诗词，这对于我们了解当时的贡茶情况有很大帮助。在唐朝历任湖州刺史中，他留下的文笔最多。

离开了京城的喧嚣和倾轧，诗人的心情是愉快的，怀着对未来的美好憧憬，看到的一切都是那么新鲜和舒心。《题茶山》开头："山实东吴秀，茶称瑞草魁。剖符虽俗吏，修贡亦仙才。"颇有赞美和自誉之意。山秀茶鲜，身处其中颇有仙人之得。茶山中"柳村穿窈窕，松涧渡喧豗。"柳树窈窕多姿，松香涧水潺潺。"泉嫩黄金涌，牙香紫璧裁。"茶园中紫芽簇簇，铺满整个山坡，春意盎然。"舞袖岚侵涧，歌声谷答回。磬音藏叶鸟，雪艳照潭梅。"宴席之上，舞女飘摇，歌声阵阵，与山谷相回应；鸟儿欢呼，梅花绽放，一片美丽的春光景象。"好是全家到，兼为奉诏来。树阴香作帐，花径落成堆。"最惬意的应是他和全家人一起，以树荫作帐，落花铺满小径，共同举杯畅饮，开怀谈论，其乐无极。

《茶山下作》一诗则极言春天之美："春风最窈窕，日晓柳村西。娇云光占岫，健水鸣分溪。"春风熏人，娇云伴山，水流潺潺。"燎岩野花远，戛瑟幽鸟啼。把酒坐芳草，亦有佳人携。"野花开满山岩，鸟声伴瑟，佳人相伴，把酒言欢，何等悠闲，何等惬意。

《春日茶山病不饮酒，因呈宾客》则言遗憾，从此诗也可以看出诗人身体确是不佳，"笙歌登画船，十日清明前。山秀白云腻，溪光红粉鲜。"清明节前，坐船来此督造贡茶。茶山秀丽，白云弥漫，溪水被画船映得一片粉红色。但可惜诗人身体欠佳，就像美丽的天空中飘着的阴云，美中不足。"欲开未开花，半阴半晴天。谁知病太守，犹得作茶仙。"虽是如此，心情还是很愉悦的。因为可以品尝香茶，茶能清神，如做一回神仙。

对于贡焙院的有关情况，李郢《茶山贡焙歌》可以帮助我们了解。"春风三月贡茶时，尽逐红旌到山里。"贡茶开始于三月，到时山上红旗飘飘，官员们纷纷到来举行开园仪式。"焙中清晓朱门开，筐箱渐见新芽来。凌烟触露不停采，官家赤印连帖催。朝饥暮匐谁兴衰，喧阗竞纳不盈掬。一时一饷还成堆，蒸之馥之香胜梅。研膏架动轰如雷，茶成拜表贡天子。"朝廷不断催促制茶之事，天不亮，茶农就开始采茶。由于茶芽较少，虽然从早到晚采摘，也还是采不满蓝。采完鲜叶要将其研磨制成茶饼，蒸茶的香气充满整个茶山。"十日王程路四千，到时须及清明宴。"茶芽蒸熟研膏并焙干，通过驿骑快马送到京城，路程四千里要十日赶到，可谓星月兼程。"乐营房户皆仙家，仙家十队酒百斛。金丝宴馔随经过，使君是日忧思多。"茶农为赶制贡茶费尽辛苦，而那些督办贡茶的官员们却每天美酒佳人相伴，歌声舞乐相看，美食宴乐不已。反差之大，透露出诗人对贡茶的不满，国家如此浪费钱财只为满足少数人享用，社会矛盾可见一斑。

六、白居易

白居易字乐天，祖籍太原。过去封建统治者为笼络大臣，常采用赐物、赐宴等方式。赐物多为时令所需之物，品样之多，包括饮食、日常用物等。有赐御食，赐衣服，赐曲江宴乐，并赐茶果；有赐曲江宴乐并赐酒脯，赐口蜡（脂膏防皲瘃）及红雪、澡豆等；有赐红牙银寸尺（度量所用），赐新火，赐冰，赐新历日，赐茶果梨脯，赐酒及蒸饼、环饼等。所赐物品体贴入微，关怀备至，品类繁多。在《三月三日谢恩赐曲江宴会状》中有"况妓乐选於内坊，茶果出於中库，荣降天上，宠惊人间"之句，可见当时朝廷专设中库用以贮存茶果等，茶已成为必备之物。

白居易曾做过南宾守，唐天宝初年（公元742年）改忠州为南宾郡，治所在临江县（今重庆市忠县），故南宾应是西蜀地，西蜀当时生有荔枝，品质优良，色香味俱绝。《荔枝图序》谈道："荔枝生巴峡间，树形团团如帷盖。叶如桂，冬青；华如橘，春荣；实如丹，夏熟。朵如葡萄，核如枇杷，壳如红缯，膜如紫绡，瓤肉莹白如冰雪，浆液甘酸如醴酪。大略如彼，其实过之。若离本枝，一日而色变，二日而香变，三日而味变，四五日外，色香味尽去矣。"看来巴峡之间确是盛产灵物，《茶经》所记有大茶树生于此，荔枝亦生于此。荔枝果肉白，浆液甘酸，但不耐贮藏，一日色变，二日香变，三日味变，故杜牧有"一骑红尘妃子笑，无人知是荔枝来"的诗句。为博佳人一笑，多少人流尽汗水。

庐山之美，令白居易流连忘返，并筑草屋长住此处。《草堂记》虽未明言种茶，但在他《香炉峰下新置草堂，即事咏怀，题于石上》一诗中有"架岩结茅宇，砑壑开茶园"之句，可见诗人确是在草堂周围种植茶树，并加工品用。并在随后《重题》诗中自豪言道："药圃茶园为产业，野麋林鹤是交游。云生涧户衣裳润，岚隐山厨火烛幽。"看来所开拓的药圃茶园也颇具规模，能成为一产业，或是夸张之语。之外并无茶叶方面的著述，或许诗人想要的只是那一种生活情趣，有美景，有清泉，有香茶，求得一身闲泰。"心泰身宁是归处，故乡何独在长安。……胸中壮气犹须遣，身外浮荣何足论。"此应是他心中所想所愿，做一隐者，无欲无求，置身事外，潇洒自如。

从《游大林寺序》中得知，白居易一行十七人结伴而行，游历大林寺，可想当时之情致。观景赏花，如入仙境，恍非人间。"人间四月芳菲尽，山寺桃花始盛开。"此处与人间不同，人间春花已尽，此地却花始开放。故无人处多有胜境，可惜人间多名利之士，少有人得知。"自萧、魏、李游，迄今垂二十年，寂寥无继来者"，诗人不禁发出"名利之诱人也如此"的感叹。

七、陆龟蒙

陆龟蒙字鲁望，苏州人。陆龟蒙《记稻鼠》为我们记录了乾符己亥岁真实的大旱情况。"震泽之东曰吴兴，自三月不雨，至於七月。"意即湖州从三月到七月没下雨，实为春夏旱，造成粮食严重减产，"仅得葩坼穗结，十无一二焉。"天灾如此，人祸更甚，"当是而赋索愈急"，故诗人发出"逝将去汝，适彼乐土"的感叹。百姓生活困难，吃饭都成问题，无奈真鼠盗窃，使"宿食殆尽"，朝廷不但不减税，反而赋索更急，"率一民而当二鼠，不流浪转徙，聚而为盗何哉？"民无生机，只能官逼为盗贼，真是可叹。字里行间透漏出陆龟蒙关注民生疾苦、关注政局稳定的担忧，确有《春秋》之义。

其自传《甫里先生传》首章谈到自己的爱好志趣："先生性野逸无羁检，好读古圣人书。探六籍，识大义，就中乐《春秋》"，好读古圣先贤书，尤好《春秋》，颇识大义。好学不倦，撰文不已，"以文章自怡"。以古贤人为榜样，贫不言利，亲自耕于甫里，"躬负畚锸"；并置茶园于顾渚山下，"岁入茶租十许，薄为瓯蚁之费"。生活虽贫苦，但甘于平淡。并根据对茶的心得体会，著成《品第书》一篇，是继《茶经》《茶诀》之后又一篇关于茶的著作，但惜已失传。平时好游，则"乘小舟，设蓬席，赍一束书、茶灶、笔床、钓具，棹船郎而已。"周游四处，颇有隐者之闲适。

陆龟蒙亲置茶园，亲自管理采摘制作，故对茶叶深有所得，可称得上是一位实践和理论相结合的专家，从他所写的《奉和袭美茶具十咏》中可以看出一二。《茶坞》中有"茗地曲隈回，野行多缭绕。向阳就中密，背涧差还少"之句，其中反映出温度对于茶叶发芽早晚具有决定作用，阳光照耀的地方发芽较早并且多，而温度低的地方茶树长势不好，发芽也较少。《茶人》篇中"天赋识灵草，自然钟野姿。闲来北山下，似与东风期"可谓自誉之词，说他天生就有识别灵草的能力，所以爱自然。难道他的茶园在北山下？春天一到就赶来北山，想是看茶树生长情况。《茶笋》篇描写了采茶情况，茶芽"玉苕短"，芽头很小，刚开始萌芽，"嫩蕊初成管"，所以采了很久，仍是"倾筐不曾满"。《茶焙》谈到了茶饼的制作方法，"左右捣凝膏，朝昏布烟缕。方圆随样拍，次第依层取。"茶叶先要捣成凝膏状，然后拍成方形和圆形。最后烘焙时要注意火候的恰当，"火候还文武"即是火该大的时候要大，火该小的时候要小。《茶灶》谈到了蒸茶的情况，"盈锅玉泉沸，满甑云芽熟"，要将茶叶蒸熟。《煮茶》是说品饮的过程，"闲来松间坐，看煮松上雪。时于浪花里，并下蓝英末。"在闲暇时间，先将雪水煮沸，然后将茶末投入其中，看着茶末在水中上下，嗅着茶香，颇有自得之乐。饮后更是"倾馀精爽健，忽似氛埃灭"。精神爽朗，杂念俱消，大有飘飘欲仙之感。

八、皮日休

皮日休字袭美，号逸少。所著《霍山赋》中云："太始之气，有清有浊。结浊为山，峻清为岳。"清者在上，浊者在下，南岳（霍山）因其高峻，故其山为清气所结，具有灵性，非低矮之山所能比。

皮日休《食箴（并序）》可见其志。少时贫贱，但"甘粢粝"，不慕美甘之食。有人闻其名，设珍馐之味相邀，他却说："一杯之食至鲜矣，苟专其味，必不能自抑。既不能自抑，日须丰其羞。既日须丰其羞则贫也，不能无不足，因是妄求苟欲之心，生穷贪极嗜之名。"意指人一旦贪于美味，就会滋生贪欲，可见其淡泊之心发自内心。后文中提到并非他不思进取，而是远祸之虑。"故食于天子者则死其天下，食于诸侯者则死其国，食于大夫者则死其邑，食于士者则死其家。"此处"食"是指名利，并非只是饮食。人之贪欲不足，尽逐名利，终究为名利所困，一旦陷入政治斗争，很难全身而退。

皮日休亦好游逸，与陆龟蒙交善，经常结伴而行，书信往来。他写《茶中杂咏》十篇，陆龟蒙亦作与之相和。由《茶坞》诗可知他对茶叶很有兴趣，"闲寻尧氏山，遂入深深坞。种莳已成园，栽葭宁记亩。"尧氏山有茶市交易，故诗人无事到尧氏山一看，却见茶园成片。《茶人》反映当时茶农生活，每天很早就上山采茶，故"语气为茶荈，衣香是烟雾。"浑身上下都沾有茶叶的香气。《茶笋》描写茶茎生动形象："袖然三五寸，生必依岩洞。寒恐结红铅，暖疑销紫汞。圆如玉轴光，脆似琼英冻。"茶芽还不大，为紫色；茎看上去如玉般光润，像琼英冻般脆。《茶灶》一诗可见蒸茶之况："青琼蒸后凝，绿髓炊来光。如何重辛苦，一一输膏粱。"而人民辛苦的原因，是因为要制作茶叶上贡给朝廷官员。《煮茶》则言煮茶之情景："时看蟹目溅，乍见鱼鳞起。声疑松带雨，饽恐生烟翠。"看着茶汤由蟹目溅到鱼鳞起，再到松雨声，然后可以投入茶末，茶汤成为翠绿色，沫饽呈现，茶香阵阵，可以想见惬意之态。

九、袁高

柳宗元所记："袁高，河南人。以给事中敢谏争。贞直忠謇，举无与比。"看来确是如此，故有《茶山诗》中敢于直言之说。"禹贡通远俗，所图在安人。后王失其本，职吏不敢陈。亦有奸佞者，因兹欲求伸。动生千金费，日使万姓贫。"开篇即有劝谏之意，古之《禹贡》的目的在于沟通有无，了解各地风土人情，并且以示怀好之意。而之后的君王为了满足私欲，失去之前的贡赋本意，官吏为了保住官位都不敢直说，诗人是第一个敢于吃螃蟹的人，精神可钦可敬。随后其道出为了完成皇帝的茶贡，不但造成资金浪费，而且百姓耽误农时，苦不堪言；更有奸佞之徒，借机为巴结君王，更是变本加厉。接着他描述了农民的苦难情状："氓辍耕农未，采采实苦辛。一夫旦当役，尽室皆同臻。扪葛上欹壁，蓬头入荒榛。终朝不盈掬，手足皆鳞皴。悲嗟遍空山，草木为不春。"农民为了完成上贡任务，田地无暇顾及，每天起早贪黑，蓬头垢面，翻山越岭，出没荒榛，饥渴交加，手足鳞皴，但由于天气尚寒，所以所采甚少。"阴岭芽未吐，使者牒已频。心争造化功，走挺麋鹿均。选纳无昼夜，捣声昏继晨。"使者催促不停，茶农昏天黑地加工茶叶，其苦情可知。"皇帝尚巡狩，东郊路多堙。周回绕天涯，所献愈艰勤。况减兵革困，重兹固疲民。未知供御馀，谁合分此珍。"加工虽苦，奉献之路更是千里之遥。奉贡除了送达朝廷，亦有一些送给达官贵人，这无疑增加了茶农的工作负担。顾渚山官焙院建立之后，成为唐朝第一家官焙院，袁高是奉旨督造的第一任，得以亲事茶贡之事，感触不为不深。开始就如此，之后更难估量，茶农的苦难命运可以想象。这是封建专制的黑暗之处，茶农的千辛万苦劳作得不到相应回报，生活却更加贫苦，积千万人之苦以奉一人之享乐，难怪诗人发出如此不平的声音！

第二节　宋朝茶名人

一、欧阳修

欧阳修，字永叔，庐陵人，曾作《朋党论》以进，论曰："君子以同道为朋，小人以同利为朋，此自然之理也。臣谓小人无朋，惟君子则有之。"君子之朋是因道义相同，以忠信为先，重视名节，故能同心共济，终始如一，为国家尽力为百姓谋福。小人则不然，"小人所好者利禄……见利而争先，或利尽而反相贼害。"故曰小人无朋，唯利而已。

欧阳修在滁州，号醉翁，晚更号六一居士，并做《醉翁亭记》。文章文字优美，读之有韵，为散文之典范。欧阳修文学造诣极高，对茶亦很喜爱。他与梅尧臣交好，互有诗文相酬和。《尝新茶呈圣俞》（圣俞即梅尧臣字）诗中曰："建安三千里，京师三月尝新茶。人情好先务取胜，百物贵早相矜夸。"建安离京城三千里路，贡茶三月就已送到京城，应该是头纲新茶，这亦是地方官为了献宠争先所致。"建安太守急寄我，香蒻包裹封题斜。"建安太守不知是何人，亦与诗人交好，故将新茶另外送与。"新香嫩色如始造，不似来远从天涯。停匙侧盏试水路，拭目向空看乳花。"此言赏茶，茶的颜色鲜嫩就像刚制作的一样，不像从远处寄来的。看着乳花，香气飘逸，诗人心中的自得可知。《和梅公仪尝茶》则言："摘处两旗香可爱，贡来双凤品尤精。"看来双凤茶是用一芽二叶做成的，故称"两旗"，很是可爱。

他曾对蔡襄《茶录》作序题名《龙茶录后序》，序中极言"龙凤团茶"的制作精致和珍贵。上品龙茶"虽辅相之臣，未尝辄赐，惟南郊大礼致斋之夕，中书、枢密院各四人，共赐一饼，宫人翦金为龙凤花草贴其上。两府八家，分割以归，不敢展示，相家藏以为宝，时有佳客，出而传玩尔。"茶叶如此珍贵，不单是制作优良，更在于御赐代表的无上荣誉。八人才分得一茶饼，并且上面饰以金艺，分明就是一件艺术品，故仅传观不敢展示。"庶知小团自君谟始"，这是蔡襄制作龙凤小团第一人的有力证据。

欧阳修喜欢饮茶，故对用茶水很有研究，曾写过《大明水记》和《浮槎山水记》，对前人所论颇有自己的独特见解。根据《茶经》所论，他认为陆羽并未品第天下之水，即未对天下之水评定等次，只言其大略。对《煎茶水记》所论亦提出不同看法。他认为张又新所论与陆羽所论相互矛盾，"其余江水居山水上，井水居江水上，皆与羽经相反。"并认为张又新妄附益之，认为天下水太多，陆羽不可能次第分辨。"得非又新妄附益之邪？其述羽辨南零岸时，怪诞甚妄也。水味有美恶而已，欲求天下之水，一二而次第之者，妄说也。"在《浮槎山水记》中记有"又新，妄狂险谲之士，其言难信"，可见欧阳修对张又新人品很是不齿，历史证明，也确实如此。张又新为求上宠，不择手段，甘于充当帮凶，早已人皆知之。欧阳修认为浮槎山水好于龙池山水，而陆羽却弃而不用。以此为例来说明陆羽并未对天下之水一一品尝。

二、梅尧臣

梅尧臣，"字圣俞，宣州宣城人，侍读学士询从子也。工为诗，以深远古淡为意，间出奇巧。"欧阳修与之为诗友，自以为不及。

梅尧臣一生喜爱茶叶，留下许多茶诗，对我们了解当时的茶叶状况很有帮助。从其《依韵和杜相公谢蔡君谟寄茶》可知是与蔡襄交好，故得赠。诗中有"天子岁尝龙焙茶，茶官催摘雨前牙，团香已入中都府，团品争传太傅家"之句，进贡君王的茶叶要在雨前季节采摘。除了供奉君王，太傅这样的重臣自然也得以享用。

《次韵和永叔尝新茶杂言》是与欧阳修《尝新茶呈圣俞》一诗相酬和的，"近年建安所出胜，天下贵贱求呀呀。东溪北苑供御余，王家叶家长白牙。造成小饼若带銙，斗浮斗色倾夷华。"是说茶饼来自北苑，原料为王家、叶家（《大观茶论》中谈及的制茶名家）的叶芽，茶饼小若銙（精致御茶才制成小銙），亦可见品质极佳。"欧阳翰林最别识，品第高下无欹斜。"此为赞美之词，夸奖欧阳修（此时官职为翰林）品茶技术高并且公正。随后他又写了一首《次韵和再拜》诗，对建安贡茶进一步阐发："建溪茗株成大树，颇殊楚越所种茶。先春喊山掐白萼，亦异鸟觜蜀客夸。"建溪茶树为乔木，故曰大树，与楚越所种茶树不同。春天早早采摘，比安徽和四川都要早，可见气候温暖。"谁传双井与日注，终是品格称草芽。"北苑贡茶天下闻名，双井与日注虽是名茶，但因是草茶，故外形制作上与饼茶不同，品质逊色许多。

《王仲仪寄斗茶》诗对于我们了解贡茶不无帮助，"白乳叶家春，铢两直钱万。资之石泉味，特以阳芽嫩。"叶家制作的白乳茶，价值不菲，能值万钱。《刘成伯遗建州小片的乳茶十枚因以为答》中："玉斧裁云片，形如阿井胶。春溪斗新色，寒篛见重包。价劣万金敌，名将紫笋抛。"的乳茶为小片，外形如阿胶，原料为小芽，价值万金，比顾渚紫笋有名。白乳和的乳茶都是北苑贡茶中的上品茶。

《南有嘉茗赋》将茶叶分为四等：一等茶为雀舌，早春始发故不大，采摘制作用来"奉乎王庭"，即用于供奉朝廷君王享用。二等茶如鸟喙长，气温上升，茶芽开始伸长变大，用这样的原料制成茶来献给朝廷大臣。三等茶原料为"枪旗"即一芽一、二叶。这样的茶叶原料随气温上升长势很快，茶叶产量亦多，用其制成的茶叶滋味其实最醇厚，故市场需求很大，用于赢利，非常畅销。到了一芽三、四叶时茶叶原料变老，用其制成团片"来充乎赋征"。看来宋朝时茶农的赋税已很严重，要通过茶叶来补充才能完成任务。

三、黄庭坚

黄庭坚字鲁直，洪州分宁人。其学问文章，"天成性得……与张耒、晁补之、秦观俱游苏轼门，天下称为四学士，而庭坚于文章尤长于诗，蜀、江西君子以庭坚配轼，故称'苏、黄'。"

黄庭坚爱茶并写过很多茶诗和文章，其中以《煎茶赋》最为著名。涤烦破睡之功，最佳为建溪、双井和日铸茶，其次为"味江之罗山，严道之蒙顶。黔阳之都濡、高洙，泸川之纳溪、梅岭。夷陵之压砖，临邛之火井。"当然这只是他的一己之见，但可以使我们大体了解当时名茶的情况。由于茶叶性寒，故在茶中加入一些暖性物质成为必须，如胡桃松实、水苏甘菊之类。虽然对茶香和滋味有一些影响，但对体寒之人很有裨益。

据《宁州志》载宋黄庭坚所居之"南溪心有二井，即修水也。上井深四丈，下井深六丈，沙石过而不入，土人汲以造茶，绝胜他处。"双井茶因为黄庭坚《双井茶送子瞻》一诗而知名一时。"我家江南摘云腴，落磑霏霏雪不如。"其意是作者在江南亲自采茶，百合如雪般纷纷落下。《谢王炳之惠茶》一诗中有"平生心赏建溪春，一邱风味极可人"，看来诗人对建溪茶也是情有独钟。而"於公岁取壑源足，勿遣沙溪来乱真"，可知壑源茶好，沙溪茶品质差，故往往以次充好。这也反映了茶叶市场中以次充好、以假乱真已成为普遍现象，而唯有知茶者才能分辨出来。

四、蔡襄

蔡襄，字君谟，兴化仙游人。《宋史》所记蔡襄为官为人可谓以正。他"喜言路开，而虑正人难久立也"，常"恐邪人不利，必造为御之之说"。指出辨别好名、好进及彰君过的三种邪臣的进言之状，以规劝当朝者要详察，"毋使有好谏之名而无其实"。

他奉孝，因"母老，求知福州"。为官期间，减税于民，并修整水利以利民田。"于朋友尚信义"，能替友担责而不辨。"工于书，为当时第一。"仁宗命其书文，非分内之事，亦不奉诏，可见非诌媚之辈。因此，《茶录》一书，确是为宣扬本地特产而作，亦为泽及后世之为，并非趋上而媚。

蔡襄对北苑贡茶的发展做出了重要贡献，龙团凤饼即是他所创，并且他还善于鉴别茶叶。他在《茶录》中说："善别茶者，正如相工之瞟人气色也，隐然察之于内。"可谓深得其中之道。彭乘《墨客挥犀》记载一事：蔡君谟，议茶者莫敢对公发言，建茶所以名重天下，由公也。后公制小团，其品尤精于大团。一日，福唐蔡叶丞秘教召公啜小团，坐久，复有一客至，公啜而味之曰："此非独小团，必有大团杂之。"丞惊，呼童话之，对曰："本碾造二人茶，继有一客至，造不及，即以大团兼之。"丞神服公之明审。

五、赵佶

宋徽宗赵佶被公认为是天才皇帝，虽治国无术，但其艺术文化素养登峰造极，少人可比。他自成一体的"瘦金书"，后人难望其背，绘画艺术也是一绝。他对书画的嗜好到了疯狂的地步，在宫中专门设立了一个御前书画所，里面收藏了数以千万计的珍品，还编写成《宣和书画谱》与《宣和博古图》，为后人留下了宝贵财富。《大观茶论》一书应是他休闲生活的心得。

六、丁谓

白话《宋史》中记："丁谓，字谓之，后来改字为公言，苏州长洲人。"年轻时即富有才华，可堪比韩愈、柳宗元。淳化四年任直史馆，以太子中允衔任福建路采访使。他回朝后，上奏茶盐的利弊，于是任转运使，得以督造北苑贡茶。其人机智敏捷有才智计谋，阴险狡猾超过常人，对图画、博弈、音律亦多有涉猎，喜欢玩乐。他亦多有趋上之意，故其茶书《北苑茶录》应是媚上之作。

第三节　明朝茶名人

一、朱权

朱权为明太祖第十七子，以善谋略著称，后期为躲避政治斗争，终日韬光养晦，并建造书斋一间，弹琴读书于其间，整日与文学士互相往来，寄托自己的远大志向。其《茶谱》既是寄托情志之作，亦是休闲娱乐之作。正如序中所言"予法举白眼而望青天，汲清泉而烹活火，自谓与天语以扩心志之大，符水以副内练之功，得非游心于茶灶，又将有裨于修养之道矣，岂惟清哉。"对于茶之作用，朱权将其归为助诗兴、伏睡魔、倍清谈，既是心得体会，亦是沿袭前人之言。"栖神物外，不伍于世流，不污于时俗。或会于泉石之间，或处于松竹之下，或对皓月清风，或坐明窗静牖，乃与客清谈款话，探虚玄而参造化，清心神而出尘表。"其志可见一斑，不与世俗相争，淡泊于自然万物之中，养身宁志，亦乐哉！对于他当时的处境而言，这无疑是韬光养晦之举，亦是无可奈何之意。无论如何，他给我们留下了关于茶的一些史料，祸福相依，舍得之玄机又何尝不是？

二、徐渭

白话《明史》记，徐渭，字文长，山阴人。他十余岁就仿扬雄《解嘲》做《释毁》，天资超人，诗文高出同辈。善写草书，工于绘画花草竹石，曾自称"我是书法第一，其次是诗，再次是文章，最后才是画"。其《煎茶七类》亦是消闲之作。

三、许次纾

许次纾，字然明，号南华，钱塘人。清代厉鹗《东城杂记》载："许次纾……方伯茗山公之幼子，跛而能文，好蓄奇石，好品泉，又好客，性不善饮……所着诗文甚富，有小品室、荡栉斋二集，今失传。今曾得其所著《茶疏》一卷……深得茗柯至理，与陆羽《茶经》相表里。"许次纾嗜茶之品鉴，并得吴兴姚绍宪传授，故深得茶理。

其吴兴好友姚绍宪在《茶疏序》中说道："武林许然明，余石交也，亦有嗜茶之癖。每茶期，必命驾造余斋头，汲金沙玉窦二泉，细啜而探讨品骘之。余馨生平习试自秘之诀，悉以相授。故然明得茶理最精，归而著《茶疏》一帙，余未之知也。"可见两人经常品茶谈道，在一起探索茶理，《茶疏》之作应该说是凝聚了两个人的心血。书中从茶叶采摘到制作、收藏、品饮每个环节，应注意的事项，不乏个人见解，尤其是对水的选择和火候的把握都有独到之处。并且书中首次记载了芥茶的制作方法，这对我们了解芥茶起着很重要的作用，对芥茶制作方法的延续也功不可没。

四、陈继儒

陈继儒，字仲醇，松江华亭人。陈继儒可谓"通明高迈"之人，一生不羡官名，读书不倦，"杜门著述，有终焉之志。"文采斐然，"工诗善文，短翰小词，皆极风致，兼能绘事。又博闻强识，经史诸子、术伎稗官与二氏家言，靡不较核。或刺取琐言僻事，诠次成书，远近竞相购写，征请诗文者无虚日。"

不慕虚华，幽情山林之间，"暇则与黄冠老衲穷峰泖之胜，吟啸忘返，足迹罕入城市"，颇有隐者之风。其著述有《茶话》《茶董补》。

五、熊明遇

熊明遇，"字良孺，号坛石，江西南昌进贤人。明万历二十九年进士，授长兴知县。"他工诗善文，当时颇享盛名。

由于他做过长兴知县，故《罗岕茶记》应是其主政期间，对罗岕茶经过长时间考察之后的著作。长兴县属浙江省，与宜兴县只有一山相隔，这也是罗岕茶应为浙江省所产之实证。而与之相隔的宜兴县所产洞山茶为江苏省所产，两者在长时间内争名不已，但无疑洞山茶因其生长环境优于罗岕茶。书中结尾处已露端倪："莫若余所收洞山茶，自谷雨后五日者，以汤薄浣，贮壶良久，其色如玉；至冬则嫩绿，味甘色淡，韵清气醇，亦作婴儿肉香，而芝芬浮荡，则虎丘所无也。"虽未明言洞山茶优于罗岕茶，但其意已显。

六、罗廪

罗廪，字高君。罗廪可谓茶叶实践和理论相结合的专家级人物，正如其在《茶解》中所言："茶通仙灵，久服能令升举。然蕴有妙理，非深知笃好，不能得其当。盖知深斯鉴别精，笃好斯修制力。"因为对茶的爱好，所以能够笃行不息：一心研其理，并能做到知行合一。"乃周游产茶之地，采其法制，参互考订，深有所会。遂于中隐山阳，栽植培灌，兹且十年。春夏之交，手为摘制。"他亲身种植茶树，从管理到采摘、制作无不亲力亲为，于实践中有体会，得真知，并且比较不同的制作方法，创造自己的加工手法。

> 炒茶，铛宜热；焙，铛宜温。凡炒，止可一握，候铛微炙手，置茶铛中，札札有声，急手炒匀；出之箕上，薄摊用扇扇冷，略加揉挼。再略炒，人文火铛焙干，色如翡翠。若出铛不扇，不免变色。茶叶新鲜，膏液具足。初用武火急炒，以发其香。然火亦不宜太烈，最忌炒制半干。不于铛中焙燥而厚罨笼内，慢火烘炙……茶炒熟后，必须揉挼，揉挼则脂膏镕液，少许入汤，味无不全。

其炒制绿茶工艺已十分成熟。铛的温度把握，茶叶量的多少，茶叶入锅时间的早晚，炒制手法等都很完备。并对其中的炒制道理进行阐发，"初用武火急炒，以发其香"即是我们现今的高温杀青之法。"茶炒熟后，必须揉挼，揉挪则脂膏镕液，少许入汤，味无不全。"而揉捻能使茶汁易入汤，故滋味方全。对茶叶炒制方法，提出独到见解："余谓及时急采急焙，即连梗亦不甚为害。大都头茶可连梗，入夏便须择去。"至于茶叶原料的选择，由于春茶嫩鲜，故无须如松萝茶那样"将茶摘去筋脉"。只要能做到火候得当，急采急焙，则"即连梗亦不甚为害"。但如果入夏，则茶梗已老，则应去掉老梗。这些对于现在的制茶都很有启发。

七、冯可宾

冯可宾，益都人。冯可宾《岕茶笺》是关于罗岕茶的又一部著作。他在其《序岕名》中谈道："环长兴境，产茶者曰罗嶰、白岩、乌瞻、青东、顾渚、小浦，不可指数，独罗嶰（岕）最胜。"可见罗岕茶与顾渚茶并非一茶。罗岕之名由来是因为"岕"为两山之间地，有"罗氏居之，在小秦王庙后，所以称庙后罗岕也"，罗岕亦称为庙后罗岕。而洞山之岕"南面阳光，朝旭夕晖，云翁雾勃，所产之茶回味别异"，也未明言洞山茶好于罗岕茶，只是说味道不一样而已。但后文中"茶虽均出于序岕名，有如兰花香而味甘，过霉历秋，开坛烹之，其香愈烈，味若新，沃以汤，色尚白者，真洞山也。若他嶰，初时亦有香味，至秋，香气索然，便觉与真品相去天壤"，已经表露出洞山茶要好于其他岕茶。

第四节　清朝茶名人

一、陆廷灿

陆廷灿，字秩昭，嘉定人。"官崇安县知县候补主事。自唐以来，茶品推武夷。武夷山即在崇安境，故廷灿官是县时习知其说，创为草稿。归田后，订辑成编，冠以陆羽《茶经》原本，而从其原目采摭诸书以续之。上卷续其一之源、二之具、三之造，中卷续其四之器，下卷自分三子卷：下之上续其五之煮、六之饮，下之中续其七之事、八之出，下之下续其九之略、十之图。而以历代茶法附为末卷，则原目所无，廷灿补之也。"

《四库全书》将陆廷灿撰写《续茶经》的来由及书目内容交代得很清楚。因他曾做过崇安县知县，故不单对武夷茶，对其他茶类知识亦是涉猎甚广，并勤著不倦。他将所见、所闻、所悟按照陆羽《茶经》之纲目分编成册，将茶叶历史的相关知识罗列其中，并"一一订定补辑，颇切实用，而征引繁富"，可见所成非一日之功。

二、程淯

程淯，字白葭，江苏吴县人，于清末自北京寓居杭州，在西湖建一别墅，名曰"秋心楼"。

其《龙井访茶记》虽名为游记，却是关于龙井茶的专业之作。文中谈到了龙井茶的产地特点，龙井茶种植、采摘、加工等过程，论述了龙井茶之所以成为名茶，在于具备的三个特色。首先是品质出于自然；其次是具有地利之便，靠近西湖胜地；再就是产量少，物以稀为贵，自古皆然。再加上文人的刻意宣传，因此，龙井茶成名具备了得天独厚的优势条件。

参 考 文 献

[1] [汉] 司马迁. 史记 [M]. 北京：光明日报出版社，2020.1.

[2] [汉] 刘歆. 西京杂记 [M]. 上海：上海古籍出版社，2019.5.

[3] [汉] 刘熙. 释名 [M]. 北京：中华书局，2020.3.

[4] [汉] 班固. 汉书. [M]. 北京：中华书局，2021.3.

[5] [东汉] 杨孚. 异物志 [M]. 广州：广东科技出版社，2019.6：23－24.

[6] [南朝宋] 范晔. 后汉书 [M]. 北京：中华书局，2021.9.

[7] [晋] 陈寿撰，[宋] 裴松之注. 三国志 [M]. 北京：中华书局，2021.2.

[8] [晋] 常璩著，任乃强校注. 华阳国志校补图注 [M]. 上海：上海古籍出版社，2009.7.

[9] [宋] 张载著，[清] 王夫之注. 正蒙 [M]. 黄山：黄山书社，2021.8.

[10] [清] 严可均. 全汉文 [M]. 北京：商务印书馆，1999.10.

[11] 程俊英，蒋见元. 诗经注析 [M]. 北京：中华书局，2019.2.

[12] 贾太宏译注. 尚书 [M]. 北京：金城出版社，2020.8.

[13] 杨天宇. 周礼译注 [M]. 上海：上海古籍出版社，2019.11：66－91.

[14] 陆玖译注. 吕氏春秋 [M]. 北京：中华书局，2011.10：95.

[15] 赵逵夫. 历代赋 [M]. 上海：上海辞书出版社，2018.9.

[16] 逯钦立. 先秦汉魏晋南北朝诗 [M]. 北京：中华书局，1983.1.

[17] 俞平伯. 唐诗鉴赏辞典 [M]. 上海：上海辞书出版社．2017.3.

[18] 夏承焘. 宋词鉴赏辞典 [M]. 上海：上海辞书出版社，2020.3.

[19] 朱自振. 中国古代茶书集成 [M]. 上海：上海文化出版社，2014.4.

[20] 陈祖槼，朱自振. 中国茶叶历史资料选辑 [M]. 北京：农业出版社．1981.11.

[21] 朱自振. 中国茶叶历史资料续辑 [M]. 南京：东南大学出版社，1991.4：4－255.

[22] 吴觉农. 中国地方志茶叶历史资料选辑 [M]. 北京：中国农业出版社，1990.12：18－710.

[23] 吴觉农. 茶经述评 [M]. 2 版. 北京：中国农业出版社．2017.5.

[24] 钟敬文，中国民俗史 [M]. 北京：人民出版社．2008.3.

[25] 陈宗懋. 中国茶经 [M]. 上海：上海文化出版社，2005.6.

[26] 杨亚军. 中国茶树栽培学 [M]. 上海：上海科学技术出版社，2005.1.

[27] 谭其骧. 简明中国历史地图集 [M]. 北京：中国地图出版社．1996.6.

[28] 钱时霖. 中国古代茶诗选 [M]. 杭州：浙江古籍出版社．1989.8.